賦能員工　突破框架

焦點解決教練取向實踐手冊

諮商心理師

林祺增 | **張如雅**
博士 　　　MCC 教練

著

推薦序一
時時新希望，日日可成長

「張老師」基金會前董事長暨執行長　張德聰

「教人打網球，技術上的指導不是最重要的，如何協助球員排除心理障礙才是重點。」「督導或教練同仁，技術上的指導不是最重要的，如何與同仁共同正向面對困境，賦能自己的因應方法及善用同儕解決成功之道，成功因應問題才是重點。」

提摩西・高威（Timothy Gallwey）在著作《比賽，從心開始》中如此強調。

我個人接受焦點短期心理治療（SFBT）訓練，以此主題作為國內第一個 SFBT 博士論文研究，並擔任相關主題講師，已有多年，也曾將此主題運用於員工協助方案（employee assistance programs，EAPs），但國內將之運用於 EAPs 的相關文章不多也未見相關書籍，很高興看到林烝增老師及張如雅老師首度將 SFBT 運用於 EAPs 的文章匯集成冊，這實為一種創舉，對於學習 SFBT 專業工作者深入了解及學習如何運用 EAPs，提供了重要的參考資料。

林老師擔任專任「張老師」多年，深具實務輔導與諮商經驗，且參與「張老師」機構在 EAPs 的入廠實務工作，研究與論文主題常探討 SFBT 相關議題，並曾於臺師大教育心理輔導研究所開設輔導技術課程，也在「張老師」基金會開設 SFBT 專業課程工作坊，理論與實務兼具，其著作更是嚴謹，皆有引註相關參

考書目，加上實務經驗之詮釋，更是相得益彰，對於讀者十分有助益。

焦點解決短期諮商取向是 Steve de Shazer 與 Insoo Kim Berg 夫婦在主持美國短期家庭治療中心（BFTC）下，結合心理治療相關助人專業實務工作者共同開創逐漸發展，因此其理論深、具實務性，且短期而有效，更以當事人的相關正向成功經驗，以當事人為其問題解決的專家，正向例外的創新以及「由小變成大變！」的信心建構，因此頗受當事人接受及實踐。

焦點解決諮商取向認為個案是他自己問題的專家，而焦點解決工作者為催化當事人邁向解決自己問題的專家！透過建構解決方案，讓諮商時間平均減少了 70%！可以說是短而有效的心理輔導與諮商方法，頗合乎時代的需求。林老師基於其專業研究及實務經驗，不僅探索用於心理輔導實務機構如「張老師」，也與其他學者合作寫過 SFBT 運用於學校，現更進而運用於企業及 EAPs，深具意義，更為華人地區之首創！

書中具體澄清 SFBT 心理治療工作者與焦點解決教練取向之同與不同，同時建構了焦點解決教練取向的路徑（第一章，圖 1-1）及焦點解決取向的路徑與技術搭配（第二章，圖 2-1），包括了魔鏡隱喻、正向、希望、例外與假設與允許嘗試、多元、他山之境——我也可以做得到、行動漸進、激勵、效果–目標建構、具體評量效果、陪伴與團隊——我不孤單，架構頗完整，相信組織若能落實 SFBT 的積極與正向，必能促進發展與成長，打造更具創新、熱忱和團隊精神的職場。

此外，在第七章「動盪時代的領導者鍛鍊：變革管理教練」，第八章提出焦點解決教練取向的反思與解析，具體提供焦點解決教練的訓練及成長。在第九章，作者提出有時教練工作效果不如預期，可能有下列原因：未建立良好教練關係及教練亦需要督導，建議未來可進一步思考 SFBT 教練儲備的基本條件、特質及經驗，以及培訓及督導流程，如在督導下擔任教練觀察員，協助教練及見習教練。未來亦可收集相關資料，加一章 SFBT 教練的困境與突破、督導與資源，更有助於 SFBT 教練的實務協助與成長，或許未來可以有一本 SFBT 教練的訓練與督導，作為本書的專業進階版。

　　綜合以上，本書撰寫清晰明瞭、實務具體，又為相關主題的創舉，相信對我國 SFBT 應用於 EAPs 必產生良好的貢獻！故樂為之序！

推薦序二
呼應時代變遷，
現代企業教練實務教戰手冊

臺灣師範大學教育心理與輔導學系退休教授　許維素

　　隨著教練心理學的發展，教練取向日益多元，心理治療理論與技巧的借用，也成為擴大教練模式發展的一項重要資源。其中，焦點解決教練起源於心理治療領域，多年來快速風行於工作職場領域的應用。焦點解決取向隸屬於短期心理治療，由 Steve de Shazer 和 Insoo Kim Berg 在 20 世紀 50 年代首次開發，如今已在世界各國諸多專業範疇被廣泛使用，在企業領域的應用效果也已獲得多方實證的支持。焦點解決教練強調企業組織及其員工的優勢、資源和能力，個人和團隊之間的互動是一大工作重點，探索過去、現在和未來的可能性是一核心信念。在協助客戶、員工、領導等當事人具體定義期望的未來願景後，希望幫助他們能夠在思維和行動上，逐步建構實現個人所欲目標的路徑，任何微小成功或改變都具有落實預期目標的重要參考價值，最終建構解決之道的專業知識，都將屬於想要改進的個人或團隊，並為其所用。是以，焦點解決教練是一賦能導向，能夠鼓勵機構、領導、員工、客戶在掌控工作與生活的能力上保持積極態度、自信樂觀、獨立自主，相當符合企業文化的需求，是一值得推廣的教練取向。

　　在《賦能員工突破框架：焦點解決教練取向實踐手冊》一書

中，充分展現焦點解決教練的特色。本書除了介紹焦點解決教練的精神、原則與技術之外，也說明了可以如何將焦點解決教練擴大轉移到管理階層的應用，包含領導溝通、衝突處理、團隊建設。特別可貴的是，本書還呼應時代變遷對組織文化的影響，將Y世代、COVID-19 疫情後、AI 世代等新挑戰納入考量，這使得本書更是成為一本現代企業教練實務的教戰手冊！

本書作者林烝增、張如雅兩位資深教練，不僅擁有完整的心理諮商相關訓練與豐富的實務經驗，更在企業教練領域的工作歷練多年；尤其林烝增博士深耕於焦點解決取向的實作、督導、培訓多年，更屬難得。所以於本書裡，自然而然地流露著兩位作者多元豐碩的學識與經歷，使得本書的美麗精華，時時閃耀、處處可見！

推薦序三
在教練歷程,實現魔法般的破框與創新

馬歇爾葛史密斯管理學院心理諮商博士 陳錦春

提到教練的學習與應用,於烝增老師與如雅教練焦點解決在教練的應用課程上,我曾見證過的精彩對話與研習熱情,是第一個浮現在腦海的畫面。

若想從教練歷程體驗魔法般的破框與創新的可能性,我的首選也會是焦點解決取向教練法。說到宛如生命的精靈、能讓人重塑新視野與新氣象的教練歷程,也是焦點解決取向教練法。

因為焦點解決取向有直覺性的量表,能帶出個案的內心世界與渴望想要;也因為焦點解決取向有魔法問句,能帶出創新的資源與極致想像力,讓內心更有多元的力量源頭。

焦點解決取向看重優勢與未來,不執著在問題與過去;焦點解決取向也會找到例外的成功,強化內在資源與目標的整合再出發,讓行動更有動能與成效。

因為我有焦點解決取向應用在教練的信心,在模糊不安的主題與教練歷程中未曾焦灼不安。走進個案心中的風風雨雨世界中,我總是堅定陽光與行徑大道即將出現。

邀請大家打開這本《賦能員工突破框架:焦點解決教練取向實踐手冊》,去細細品味焦點解決取向,感受教練醇厚的底韻與個案的寶藏,在案例之中看到百轉千華,看到教練與個案共舞奇幻之境。

謝謝焱增老師與如雅教練將焦點解決取向的精彩教練案例與學理結集成冊，普惠世人。希望這本書也能陪你養智養慧，在教練案例中交會出洞見與新意，讓焦點解決取向的案例陪伴讀者實現更寬廣的整合與應用，活出教練的厚度與豐富度。

　　祝福大家在教練的學習上更豐盛圓滿！

推薦序四
整合理論與實踐，
現代企業教練修練之「道」

國際教練聯盟（ICF）教練導師 鄭杰榆

感謝如雅教練與丞增老師合著的《賦能員工突破框架：焦點解決教練取向實踐手冊》，讓我有機會重新檢視自己跟焦點解決此一取向的緣分，以及欣賞兩位從豐厚的實踐經驗，歸納出焦點取向方法如何在當今組織領域最雋永又熱門的各種場景中，與當事人輕盈共舞，轉化思維與行為模式。

信奉「人在情境中」的社會建構主義，是因為深深體驗到身為群體動物的我們就是這麼自覺或不自覺受到外在環境的點滴影響（回想你一早進公司時，是不是會自覺或不自覺注意辦公室氣氛或主管臉色，以決定自己的行為表現？），這令我沉浸在以系統觀點切入的各種助人取向逾 30 年。翻開霉斑點點、2007 年由張老師文化出版的《稻草變黃金：焦點解決諮商訓練手冊》，我還能記得當時如同遇到知己一般雀躍的心情。

更有幸福感的是 17 年後，我能夠重溫這雀躍的心情；從書中看到無論是外部教練或組織主管，都可善用焦點解決的方法，處理同事間衝突、跨世代的價值觀矛盾、團隊士氣低落……等等難題。如果你是初品嚐焦點解決的朋友，相信你會被書裡每一段對話的峰迴路轉深深吸引；若是這類書籍的饕客，相信你會想問：「要怎麼樣才能像書中教練一樣問出好問題？」

這本書也回答了箇中關鍵，答案就在「道」的修煉。

「心之道」：你對「花若盛開，蝴蝶自來」、「每個人內在都擁有足夠的資源與答案」這類信念，是親「身」體會過、真「心」相信或只是認同「理念」？

「變之道」：你對「唯一不變的就是變」、「無常生滅是生命的真相」這類勸世金句，是親「身」體會過、真「心」相信或只是認同「理念」？

相信無論你是初嚐或深品焦點解決取向的讀者，這本整合理論與實踐的好書都會讓你不忍釋卷，祝福你展開屬於自己的修煉之道。

作者序一
焦點解決取向結合專業教練：
啟發企業對話新技能

1997 年，我參加臺灣師範大學教育心理與輔導學系陳秉華教授在「張老師」基金會開設的焦點解決工作坊，開始了在焦點解決取向的學習之旅。這理論由 Steve Shazer 和 Insoo Kim Berg 提出，Insoo Kim Berg 生前來台授課數次，在她的工作坊學習，更是奠下我紮根地與系統性學習的契機。迄今二十七餘年，我一路從學習者、實踐者，到成為督導、訓練師，這期間，自己也獲得張德聰老師、許維素老師、洪莉竹老師、Lance Taylor 博士、Heather Fiske、Alasdair J. Macdonald 等等多位老師寶貴的教導與啟發。

27 年來，我將焦點解決運用於社會工作、學校諮商、社區諮商、企業 EAPs、企業訓練與專業教練工作等領域。我認為行走江湖的助人工作者，至少都要有 2 把刷子：1 把短刷，1 把長刷。焦點解決取向就是我的短刷子，因為它在實務上、操作上更為實用、高效。

將焦點解決取向與精神融入到企業主管、人資的培訓課程；為台灣 ICFT 專業教練開設焦點解決取向課程、擔任督導；與 Sharry、Ryan、Grace 等教練的合作課程，這些經驗都讓我將焦點解決取向更深入地結合與應用於企業工作，讓許多企業人資夥伴、主管學習到不同的對話技巧，也因這些經歷，促使我開始撰

寫此書。其中，很感謝參與我工作坊課程的如雅，主動積極提出撰書的合作方案，讓本書可以具體實現。

教練工作在企業裡扮演著越來越重要的角色，不僅在組織內部，也在個人成長和發展領域發揮關鍵作用。教練幫助個人和團隊實現更高效、更具成效的目標，藉由協助探索個人的價值觀、信念和行為模式，幫助人們制定清晰的目標與行動計畫，並持續激勵人們實現明確的目標。

本書主要介紹焦點解決教練的簡要理論與實務案例。第一章，介紹關於教練的定義與內涵、教練與諮商的差異、常見的教練模式、焦點解決教練與對話的特色。

第二章到十一章，分別是各類實務現場的教練工作經驗，包括客戶與組織的個人化相關議題，例如：客戶自我評估與改變、個人工作價值觀與信念；還有組織層面的議題，例如：高管之間的衝突與和解、如何復燃 Y 世代的工作熱情與動機、疫情後企業領導者的挑戰、領導者的變革管理、團隊營造、空降主管與公司資深人才攜手、提升團隊生命力等；此外，也納入時下重要議題，即 AI 世代人力資源部門主管的挑戰與跨越。

最後的第十二、十三章，我們整理了在焦點解決取向教練的養成，以及我們在實務工作上的實踐方法，還有經歷過的挑戰與因應經驗。

本書適合想學習焦點解決者、想從事企業專業教練者、想將執業領域拓展至企業 EAPs 的心理師、想讓團隊更高效的主管、想協助員工但時間有限的人資與相關部門同仁，對於想改變自己

對話習慣者也很適用。

　　我個人認為透過資深的焦點解決工作者精要地分享理論、詳細地分享實務作法，有助於學習焦點解決教練。這本書集結我與如雅在華人地區多年從事焦點解決工作的實務與體悟，希望能帶給各位讀者更多本土實務經驗與不同視角。

　　最後，本書能完成，我要感謝許多與我合作的企業與單位、信任我的客戶與個案，以及多位好朋友的試閱、李雅翠小姐的校對，還有張老師文化公司編輯群的等候與協助。本書撰寫過程多次修改，仍可能有所疏漏，敬請各位讀者不吝提出寶貴意見，惠予指正。

林烝增
2024 年夏天於台北

作者序二
焦點解決取向：啟發教練對話的新視野

二十多年前，組織開始引入教練專業，這段經歷迫使我直面企業營運中的壓力與挑戰，兩度全球金融風暴，親眼目睹了企業併購、組織轉型、改造與重整的過程，也讓我明白變革與創新對組織的重要性。正因如此，我開始尋求一種能支持教練、企業和個人更好因應 VUCA——充滿易變性（volatility）、不確定性（uncertainty）、複雜性（complexity）及模糊性（ambiguity）的世代——的方法。

在此過程中，我受到 Kent 教練的啟發，重回校園扎根心理學理論基礎，而在莉竹老師的教導並引薦在 EAPs 應用焦點解決取向有成的烝增老師，兩人在一段時間的交流下，更加驗證了焦點解決短期諮商取向（SFBT）在組織中的應用與優勢，同時觸發了此書的誕生。

焦點解決取向教練是一種注重解決方案而非問題本身的方法，強調正向積極面，幫助客戶在短時間內找到有效的解決方案。作為國際教練聯盟（ICF）認證的大師級 MCC（master certified coach），我在近 1 萬個教練時數的鍛鍊中，見證了許多 SFBT 帶來的顯著改變。讓我深刻認識到，無論組織大小、行業類別，焦點解決取向教練都能夠有效地幫助他們解決問題、實現目標。

在焦點解決取向教練的實踐中，客戶的方法如果有效，就不

須改變；如果無效，就做些不同的事情。這種靈活且實用的方法，讓教練能夠快速適應不同的情境，並有效幫助客戶找到最適合的解決方案，教練與客戶之間透過回饋，展現正能量，每一次的教練對談都是成長機會。

本書旨在為想要精練教練技術的人士，提供一個全面而實用的指南。此書不僅僅是教練們的工具書，更是一個陪伴者，能在大家學習教練歷程中提供支持和指引，幫助讀者發揮內在的力量，創造出超乎預期的效益。期望這本書能帶動個人、企業、社群正能量，成為他們在面對挑戰時的重要資源。

我希望這本書能夠激發各位的興趣，幫助大家理解並運用焦點解決取向教練的方法。在這個過程中，你將學會如何釋放潛能、實現目標，並在個人和職業生涯中取得渴望的成功。讓我們一起透過這種積極有效的方法，成就一個更加美好的工作環境和未來。

回顧初學教練時，我發現導師所傳授的教練技巧、精神與 SFBT 的理念多有雷同。正是這種相似性，讓我在教練初期的 3、5 年中，運用了許多 SFBT 理論技巧。而這歷程光靠個人是無法完成的，我要特別感謝這近 20 年來的教練與督導們，尤其是郁卿、Tina、Angela、Joyce 與 Chris 夫婦、CSA 的 Felicia、美國的 Poyee、德國的 Sofia、Karl 等導師們。協助我奠基心理學理論的陳滿樺老師、許維素老師、洪莉竹老師與我的好夥伴林烝增老師居功厥偉。在教練案列的撰寫上，要謝謝博班導師王思峯在組織研究相關理論、案例的探究與引導上，為我帶來了許多的啟發與

覺察。我要懇切地說，這本書是由過去信任我的組織、客戶、導師們所共創，同時感謝為我試閱、校對的好友們與張老師編輯團隊的投入。

身為專業教練，無論獲得多少認證、取得多少工具、累積多少教練時數，最重要的事情是回到根本，不斷檢視修練，藉由教練導師的支持，獲得客觀的回饋與輔導，持續地磨鍊精進，無論是什麼流派認證的教練，都可以透過此書好好發揮，突破提升並成為自己想要的樣子。

生而為人，我們無須完美，卻可以完整。

感謝各位讓這一切成真，並趨於完整。

張如雅
甲辰年小滿于台北

目錄 CONTENTS

（推薦序、作者序依姓氏筆畫排列）

推薦序一	時時新希望，日日可成長　張德聰╱002
推薦序二	呼應時代變遷，現代企業教練實務教戰手冊　許維素╱005
推薦序三	在教練歷程，實現魔法般的破框與創新　陳錦春╱007
推薦序四	整合理論與實踐，現代企業教練修練之「道」　鄭杰榆╱009
作者序一	焦點解決取向結合專業教練：啟發企業對話新技能　林烝增╱011
作者序二	焦點解決取向：啟發教練對話的新視野　張如雅╱014

CHAPTER 1	組織內急診室的春天——焦點解決教練取向╱019
CHAPTER 2	「為何我沒拿績優？」協助客戶自我評估與改變╱049
CHAPTER 3	為客戶量身訂製的焦點對話——價值觀與信念的實踐╱065
CHAPTER 4	重要高管間的衝突與和解——量身訂製的焦點對話╱079
CHAPTER 5	點燃Y世代的熱情、生命力與意願╱095
CHAPTER 6	以SOLUTION模式迎接疫情後企業領導者的挑戰╱111

CHAPTER 7	動盪時代的領導者鍛鍊——變革管理教練／123
CHAPTER 8	團隊營造／137
CHAPTER 9	空降主管與資深人才協力共榮／155
CHAPTER 10	點燃團隊生命力／173
CHAPTER 11	AI 世代人資主管的挑戰與跨越／189
CHAPTER 12	焦點解決取向教練的成長歷程／205
CHAPTER 13	焦點解決取向於教練領域的實踐與挑戰／211

參考文獻／223

CHAPTER 1

組織內急診室的春天
——焦點解決教練取向

一、教練的定義與內涵

教練（coaching）一詞最早是由 1970 年代的美國網球教練提摩西・高威（Timothy Gallwey）所提出。他在《比賽，從心開始》中強調，教人打網球，技術上的指導不是最重要的，如何協助球員排除心理障礙才是重點。

教練心理學是以心理學取向為基礎所構成的教練模式。教練心理學是一門研究和實踐如何幫助他人成長、發展和學習的科學。許多學者好奇教練心理學中的操作技巧到底和心理諮商等助人方式有何不同（Williams & Irving，2001）。教練技術融合了心理諮商（psychological counselling）、心理治療（psychotherapy）、諮詢（consulting）、引導師（forthletate）及教育、輔導等多種助人技巧。教練和其他助人方式在理念和技術上確實有許多相似之處，這之間的界限有時很模糊，一般經過嚴格認證、具有經驗與職業水準的教練者，可在必要時合併採用教練和其他助人方式。然而，教練和其他助人方式之間仍有顯著的不同。

心理師大量改用治療取向到教練心理學領域，包括：焦點解決短期治療、認知行為治療、理性情緒行為治療、多型態治療（multimodal therapy）（Palmer & Whybrow，2006）；薩提爾教練模式（陳茂雄、林文琇，2015）；包含個人的「生活教練」，以及運用在員工、管理者和主管的「工作教練」（Green、Oades、Grant，2006）。教練心理學的應用只需要 2 個元素，就是教練者與客戶，雙方共同創造真誠、平等、開放和切實有益的

對話（李明晉，2011）。教練心理學是為了提升客戶的心理品質，並加以賦能，協助他們成為富有自主性、行動力的獨立生命體（Grant，2006）。

二、教練與諮商的不同

教練者的對象是一般人們，在教練與客戶的合作關係中，運用教導、催化或折衷的方式，協助人們達到其所欲目標，而改善人們在生活經驗或其他領域的表現（Grant，2001）。Insoo與Peter（2007）認為教練（coach）也有大客車的意思，具有「把重要的人舒適地從目前所在地送到他們想去的地方」的意涵。

Peter 提倡共創的精神，Co-creating 關注現場的整個環境，創造與維持一個安全空間。教練會隨著客戶的意識而行動，像是徵詢客戶對如何會談的建議，而在就某一話題展開討論時，也會先徵詢客戶的同意。不同於傳統的心理治療與心理諮商是以臨床個案為主，並以改變個案的深層問題與人格為主要目的。

多數教練技術都建立在心理諮詢和心理治療的技術基礎之上，教練心理學領域較為常見的有精神動力理論（psychodynamic therapy）、個人中心理論（client-centered therapy）、認知行為理論（cognitive-behavioral therapy）、理性情緒行為理論（rational emotional behavioral therapy）、焦點解決短期理論（solution-focused brief therapy）等，教練與心理諮商建立在同樣的理論基礎上，具有類似的基礎脈絡，每個派典內有類似的技術

和處遇策略。然而，教練與心理諮商師在很多方面都不相同，說明如下。

（一）關注焦點上的差異

包含問題的本質、時間的取向、行動上的差異、教練者與客戶之間的對話類型等。典型的諮商或治療對話涉及大量情感和情緒的表達，以及對深層次的私人故事的挖掘（駱芳美、郭國禎，2018）。相對而言，教練多採取預期式的時間視角，關注客戶的目標、期望、待開發潛力，以及客戶為了達到自我實現相關的重要的議題（王青，2017；唐淵，2007）。教練者也會關注客戶的過去經驗，比如邀請客戶講述一些和議題相關的經歷，做過了什麼嘗試？結果如何？提問目的不是為了療癒創傷，而是為了促進反思與覺察。幫助客戶了解過去的經歷對現在及未來造成什麼影響，有哪些資源可以用來幫助客戶朝向自己所設定的目標靠近一些。教練對話和客戶之間的互動是生動、靈活、開放、多元，過程中的核心精神是以目標為導向、以行動為基礎（梅家仁，2014）。

（二）工作者和當事人關係上的差異

在典型心理諮商與治療的關係中，諮商師或治療師被看作「治癒者」，擁有較高的權威以及力量，當事人需要他們不斷地引導和帶領，且處於一種相對弱勢的位置（Berg, I. K.、Szabó, P.，2007）。教練歷程中鼓勵教練者和客戶建立合作關係，所有

議題和程序都是雙方共同建立的,且客戶保有完整的「親密與自主」的空間。教練需要做的是適當地指引,而不是主導整個談話方向或客戶需要改變的方向,客戶是自己生命的主人與掌舵者,擁有全部的主導權。教練在與客戶的合作關係上,須尊重客戶對自己生命完全的責任、自我賦能的力量和行動自主的意識。

(三)關係界定上的差異

一般而言,心理諮商在關係的界定非常嚴格,雙方只能是諮商或治療關係,而不存在其他人際關係,多重關係是心理諮商和治療上的重大倫理議題(Welfel,2014)。日常生活中教練關係則較為開放,教練者和客戶可以同時擁有雙重、甚至多重人際關係,可以是工作中的主管和員工的關係、教師和學生的關係、監督者和專職者的關係等(王青,2017)。綜觀教練在執行時,專注在客戶的優勢、未來的發展。而在關係上,主要擁有職業認證的教練者都必須遵守所屬教練系統的規範,比如道德行為規範,教練和客戶之間為了達到教練目標與成效,必須事先建立清楚的權利與義務關係。多元的教練關係僅指在教練關係的同時,雙方可以擁有職業關係,比如師生、主從,不鼓勵同時擁有情感關係,比如情侶、家人、朋友。

教練是一種促進性方法,旨在幫助個人實現工作和個人生活目標(Grant、Palmer,2002),專注於心理健康的個人的成長和發展(Peltier,2001)。教練不是用於希望解決臨床目標或病理

狀況（Grant，2001；Peltier，2001）的個人治療方法，例如：憂鬱症或躁鬱症、思覺失調症等。如果客戶很明顯有臨床症狀，教練將客戶轉介給心理師或醫師是適當且符合倫理的處理。

教練與諮商、導師與訓練等工作是有差異的，O'Connell、Palmer 與 Williams（2012）提出這四者相互之間的差別，如表 1-1、表 1-2、表 1-3。

表 1-1　諮商與教練

諮商（counselling）	教練（coaching）
臨床目標	非臨床目標
由訓練有素的輔導員或心理治療師提供	由訓練有素的教練／教練心理學家提供
以醫學模型為基礎的方法	以非醫療、教練模式為基礎的方法

諮商以減輕痛苦、解決問題、促進個人身心健康、自我成長為目標，通常諮商師或心理師都須有專業訓練且取得當地政府授予的執業證照，方可透過不同心理治療理論與技術來協助當事人解決問題；教練也需要受過專業訓練，但多為專業機構認證的資格，以教練模式進行，引導客戶達成目標。

許多組織都會設置導師制度，讓資深人員可以帶領新手。導師著重的是把個人經驗與技術轉移給新人，這樣的設置通常在內部，沒有固定約時間進行，執行方式也比較不是正式的，導師目的就是讓新人的職業技能可以發展起來；教練則是在固定時間下

正式地進行,朝著客戶想達成的目標前進,透過客戶自己的經驗,創造出他想要的績效與想發展的目標。

表 1-2　導師與教練

導師（mentoring）	教練（coaching）
在不特定的時間內	在約定的時間架構下朝著客戶的目標前進
進行非正式和指導性的知識轉移	進行正式和非指導性的對話
創造、提供發展和職業發展機會	為個人發展或工作績效創造一個安全的環境

表 1-3　訓練與教練

訓練（training）	教練（coaching）
指導性 以促進者為中心 按照訓練師的程序進行知識和技能的轉移	非指導性 以客戶為中心 按照客戶的需求進行 朝向客戶的目標前進,以及教練技巧的內化

訓練純粹以指導、教導來傳遞知識與技能,重要的是訓練師的知能;教練則是以客戶為主,重要的是客戶的需要,並採取非指導性的方式,以客戶的經驗、知能為基礎,朝著客戶想達成的目標前進。

三、教練的核心價值、進行方式（技術）與合作關係

（一）核心價值

由於教練專業的蓬勃發展，全球目前已經有數十個不同的教練協會或組織，雖未證照化，但皆有類似的價值觀，期許組織內會員教練們能積極遵守這些共同價值與願景，以提供有效的教練過程，幫助客戶實現他們的目標和潛力。

以全球會員數最多的國際教練聯盟（ICF）為例，其在 2019 發布的 ICF 教練核心能力模型所推展核心價值，也是普遍教練實務界所重視的。

ICF 從世界各地超過 1300 位教練提出一核心價值模型，其基礎元素反映了當代教練實踐工作的價值觀與理念，這些關鍵元素也是教練基本標準，其八大元素如下：

1. **展現道德規範**（demonstrates ethical practice）：了解並始終如一地應用教練道德規範與教練準則。

2. **體現教練心態**（embodies a coaching mindset）：發展並保持一個開放、好奇、靈活、以客戶為中心的教練心態。

3. **建立和維持合約**（establishes and maintains agreements）：和客戶與利益關係人合作，建立清楚的協議內容，包括教練關係、流程、計畫和目標；除針對整體教練的執行方式，也要針對每次教練會談方式，取得雙方同意。

4. 培養信任和安全感（cultivates trust and safety）：與客戶合作創造安全且支持的環境，讓客戶可以自由自在地分享；保持相互尊重且信任的教練關係。

5. 維持臨在狀態（維持當下感，maintains presence）：全身心且有意識地與客戶同在當下，展現一種開放、靈活、可靠且自信的風格。

6. 積極傾聽（listens actively）：專注於客戶說了什麼、沒說什麼，以更全面理解客戶在他所處的系統架構中所溝通出來的內容，以支持客戶的自我表述。

7. 喚起覺察（evokes awareness）：運用如強而有力的提問、靜默、隱喻或類比等工具和技巧，引發客戶的洞見和學習。

8. 促進客戶成長（facilitates client growth）：支持客戶突破與持續性成長。

ICF 透過教練的八大核心制定，期待教練們能持續成長，並朝著以下目標邁進：

1. 追求卓越（excellence），致力於提供高質量的教練服務。這包括了持續學習和專業發展，以不斷地提升自己的教練技能和知識。

2. 保持高度的誠實（integrity）和透明，建立信任和尊重與客戶之間的關係。

3. 尊重（respect）客戶的價值觀、信仰和文化差異，並且提供無歧視的教練服務。尊重客戶的自主權和自決權是 ICF 的重要

價值。

4. **表現出對客戶的關心和關懷**（caring），幫助客戶實現個人和職業目標。這種關懷應該建立在客戶的需求和利益之上。

5. **對自己的行為和教練過程負責**（accountability），確保行為都符合專業標準和道德規範，這包括要保護客戶的隱私和機密信息。

6. **教練和客戶之間的協作和合作**（collaboration），教練應該與客戶建立合作關係，幫助他們共同探索和實現目標。

7. **尊重和擁抱多元性**（diversity），包括種族、文化、性別、宗教和其他方面的多樣性，這麼做有助於創造包容性的教練環境。

8. **教練以高專業**（professionalism）標準執行其角色，包括保持教練的專業標準、道德行為和技能，轉化為實際行動，在教練過程中促進客戶成長的自主性。

（二）常見教練進行方式

1. **一對一的教練**：由 1 位教練搭配 1 位客戶，根據客戶的目的，進行客製化的教練陪伴歷程。

2. **團隊教練（行動學習）**：由 1 位教練針對團體（通常為 4～6 位成員）共同目標所進行的客製化教練歷程。藉由同儕合作、良性競爭，來提升學習意願及效益，達到合作共贏，不斷更新學習目標。

3. **以顧問、導師角色建立教練式的領導風格**，如 **Goldsmith**

(2017)為 GE 所做的專案：根據客戶需要的發展階段，做不同的角色轉換。

（三）教練合作規範

1. 僅針對教練的服務內容描述其定義

教練輔導是一種合作關係，由教練輔導雙方共同商討輔導內容的重要項目、達成目標的方法，進而完成教練輔導任務，並獲得滿足與成就（Storey）。針對企業教練輔導，Gallwey 指出教練服務為「以協助其學習而非給予指導的方式，幫助客戶釋放出潛能而達到績效改善之目標」（Whitmore，2002）。

綜觀以上所述，教練無須「教導」在各領域已有專業展現的客戶們，因為這些技能他們早已具足。教練是指「在組織情境中，領導者透過有效對話過程，幫助員工看清現狀與目標，引發員工思考與潛能，從而做出有效的選擇，實現自己的願景或目標，獲得學習和成長，進而提升組織績效。」（簡宏江，2011）。

2. 教練工作的原則

教練對話的重點是強調建立連結而非矯正、尊重差異而非質問、覺察啟發而非告知、鼓勵反思而非提供意見；提問是釐清思維、激發思考、創造未來可能性，而非依賴相似的習慣（Cheliotes、Reilly，2010；Kee、Anderson、Dearing、Harris、Shuster，2010）。

3. 教練輔導歷程

這是一個對話的過程，從中能夠引發人的優勢部分，增進更多的可能性（Tschannen-Moran，2010），幫助客戶在現有功能健全的基礎上發揮潛能，是一種同行的夥伴關係。激發客戶自身的潛能，遵循內心的真實想法，行動導向注重的是客戶的目標實現狀況（International Coach Academy，ICA 2008）。

四、常見的教練模式

實務工作上常見的教練模式說明如下。

（一）模式

1. GROW 模式（Whitmore，2002）

約翰・惠特默（John Whitmore）提出的 GROW 模式，是許多學習教練者的第一個入手模式。

(1) 目標（goal）：教練透過鼓勵和提問，讓客戶確認一個清晰具體的目標。

例如：
- 你希望今天的談話有什麼收穫？
- 你最想達到什麼目標？

(2) 現況、事實（reality）：正確客觀地釐清現況，以了解事實面。

例如：
- 事情是怎麼發生的？
- 現在你怎麼做？
- 目前為止，關於這件事／工作你做過些什麼？
- 你身邊的其他相關人有什麼反應？
- 這個目標完成後會對誰產生什麼效益？

(3) 選擇（options）：不評論，不指導，事情有不同可能性與選擇性。

例如：
- 你打算怎麼辦？
- 你有什麼想法？
- 如果你是〇〇〇，你會給出什麼建議？

(4) 意願（will）：承擔起自身責任，採取往前的行動，啟動改變。

例如：
- 如果 10 分是你會竭盡所能來解決，1 分是你一點都沒辦法，你現在是在幾分？
- 如果 10 分是很想嘗試，1 分是你一點都不想，你有幾分想試試其他方法？
- 在環境無法改變的情況下，是什麼讓你依然願意努力奮力一搏？

2. PRACTICE（Palmer，2012）

Palmer（2007a、2007b、2008）開發了教練實踐模式，其改編自 Wasik（1984）的 7 步驟順序，於 2011 年再提出修正步驟，如表 1-4。此模式反映了客戶的需求，並考量到不同文化。

表 1-4 教練實踐模式的步驟

步驟	可能的問題、描述與行動
1. 問題的界定	・你希望討論的主題、議題是什麼？ ・你想改變什麼？ ・當它不是問題時，情況會是什麼樣？ ・我們如何知道情況已經有所改善？ ・在 0 到 10 的範圍內，其中「0」代表「沒轍」，「10」表示「已經解決」，你今天離解決問題有多少距離？ ・在什麼情況下，問題會有不同？ ・如果想像明天早上醒來，這個問題或擔憂就不存在了，你能注意到有什麼不同嗎？
2. 切實地發展目標	・你想達到什麼目的？ ・讓我們制定具體的目標。
3. 替代的解決方案	・有什麼選項？ ・還有什麼？
4. 結果	・會談結束時，你希望自己或事情有何不同？ ・做什麼是有效的？ ・評量每個解決方案的「有用性」，比如「0」表示「根本沒用」，「10」表示「非常有用」。

5. 選擇最可行的解決方案	・我們來考慮可能的解決方案，什麼是最可行的方案？
6. 實施所選擇方案	・依照管理的步驟來實施。 ・現在就開始做！
7. 評估	・如何成功的？ ・從 0 到 10，評量成功或解決的程度。 ・學到什麼？ ・我們現在可以結束了嗎？還是要談談或討論一下議題？

3. The OSKAR coaching model 模式（Jackson、McKergow，2002）

相較於整套焦點解決取向，OSKAR 更為簡短且快速（Macdonald，2022）。當時間很有限，或是有突發情況下，可以使用這種模式：

(1) 結果（outcome）：討論客戶希望接下來發生什麼事，也是在設定目標。

(2) 評量（scaling）：評量客戶此刻的位置離目標有多遠。

(3) 實際經驗（know-how）：了解客戶曾有的經驗與行動。

(4) 肯定與行動（affirm and action）：讚美客戶，及討論要開啟的行動步驟。

(5) 回顧（review）：對這次會談進行整理與回顧。

五、焦點解決短期諮商取向（Solution Focuse Brief Therapy，SFBT）

（一）什麼是焦點解決短期諮商取向？

這種諮商取向是 Steve de Shazer 與 Insoo Kim Berg 在主持美國短期家庭治療（BFTC）中心下提倡的，其理論受到社會建構論（social constructionism）影響，重視當事人的知覺。社會建構論的觀點支持何謂「真實」的個人感受，包括對問題的本質、勝任能力、可能解決方法的意識，這都是與人在互動中創造意義；治療師與個案在對話中，合作協力經過理解基礎（grounding），在這共同的過程中建構解決之道（John、Berg，2013）。在解決問題的過程中，個案會重新定義及重塑他對問題與解決的知覺，這些轉移是個案在過程中很寶貴的資源。

（二）焦點解決短期諮商取向的原則

在諮商過程中，使用個案的語言是重要原則之一，當個案用特殊關鍵詞或不斷反覆描述，諮商師就需要多傾聽、澄清該關鍵詞對個案的意義。使用個案的語言，更容易以個案為師、與其脈絡同在，並且個案的接受度高，對於合作有所幫助。

另外，在諮商過程中，站在個案的立場也是重要原則之一，這對於信任與合作影響甚深。當我們運用個案的參考架構，個案自然不需要以抗拒姿態擋在合作之外。就如 Steve de Shazer 所說

的「抗拒已死」、「沒有抗拒的個案,只有不知變通的治療師」正是這樣的意涵。

除了這兩大原則,焦點解決諮商取向認為個案是他自己問題的專家,這種去專家化的精神,不僅以個案知覺為主體,更顯現在對個案信任的精神上,降低治療師專家、指導的角色,談話帶來進展是因為個案有目標、有想改變、有拓展解決方法、有例外,是個案本來身上就有這份能力與資源,不是治療師很厲害。

(三)焦點解決短期諮商取向的架構

焦點解決諮商取向有三大架構,包括目標架構、假設架構、例外架構。針對個案想要的目標來工作,諮商師更有興趣去探討個案希望有何不同,且讓他描述這些差異的細節,圍繞在個案想要的事情或方向上,來開啟對話或維持對話,也讓個案感受希望感與可能性。

首先是目標架構,需要注意目標不能太抽象、要具體、要正向,同時要符合個案能力,最重要的是個案的目標而不是其他轉介的目標。

其次是假設架構,當個案說不出目標時,可能是困在負面情緒中或不清楚自己的目標,這時需要跟個案討論,如果發生奇蹟或假設問題解決了,會是什麼美好的狀態,這種對未來的憧憬,能激發個案的動力與希望感,而感到解決是有可能的。

第三是例外架構,焦點解決短期諮商取向相信凡事都有各種可能,小改變可以帶來大改變,所以與個案討論一點點好轉或成

功經驗、甚至是比較不嚴重的情況，這些微小差異會帶來可能性，放大這些細節與行動，在開展與維持時就更有力量，同時也照亮了個案的能力、優勢與資源。

（四）焦點解決短期諮商取向的步驟

John 和 Berg（2013）提出的簡易流程如下：

1. **描述困擾**：傾聽個案的「問題式談話」（problem talk），思考如何轉移到解決式談話（solution talk）。對個案問題的原因、本質起源，要探問得少；對於個案想要如何解決、討論什麼有幫助，要探究得多。

2. **發展出良好構成的目標**：引導個案討論問題解決後會有何不同，良好的目標需要以下要素：具體、可行、動態進行式、以過程方式來描述、可測量、有時間性、個案做得到、是個案在意的、與個案重要關係者之間互動情況。

3. **探索例外**：在這個步驟中，會與個案討論到目前為止他試過哪些有效的方式，或是哪些情況下問題沒如此嚴重，找出成功經驗，找到資源，討論例外的細節，讓個案重拾信心，或是調整行動，讓更多的例外發生。

4. **晤談結束前的回饋**：以個案想要的目標為基礎，以及過程中探討的例外成功經驗，在這些訊息中，能夠找到個案已經做的，給予個案讚美與回饋，同時也可以給個案一些實驗任務來往前一步。

5. **評量個案的進步**：在談話過程中，與個案一起檢視進展，

可用評量問句（scaling question）來進行，用 1～10 或 0～10 的評量衡量個案現在離目標有多遠，現在位於哪個位置，如何移動到現在這個位置的，還需要再做什麼，或者還需要什麼資源，以達到個案想要的解決或目標。

六、焦點解決教練取向

焦點解決教練取向由 Insoo Kim Berg 和 Steve de Shazer 在心理研究中心發展而來，他們發現讓客戶描述更多偏向美好的未來，這樣的對話比起討論問題本身或起因，更能讓他們產生改變，運用未來取向的問句，能讓客戶導出更多解決方法。他們使用的技術包括：例外、目標、評量、奇蹟問句、假設、一小步、讚美等，透過建構解決方案，讓諮詢時間平均減少了 70%（Szabó、Meier，2008／2014），1997 年，Szabó將焦點解決運用於教練領域，並且將治療的技術、工具調整為商業與組織適用的教練與諮詢工具。

（一）焦點解決理論適合運用於企業教練的原因

焦點解決諮商技巧在組織工作現場中的適用性，來自其強調解決問題和促進正向改變的方法。

1. **解決問題**：焦點解決諮商技巧注重找到問題的解決辦法，而非專注於問題的起源或過去。這有助於迅速有效地應對問題，提高團隊的工作效率。

2. **積極正向**：焦點解決諮商技巧強調積極的思維和行動。透過鼓勵團隊成員集中在已擁有的資源和優勢,而不是強調缺陷,可以激發積極性,並促進更好的組織氛圍。

3. **快速、有效地解決問題**：焦點解決諮商取向注重迅速地找到解決方案,這有助於組織及時應對問題,而減少不必要的停滯和延誤。

4. **增進合作與團隊合作**：焦點解決諮商取向強調共同合作和集體解決問題。透過促進開放的溝通和團隊協作,可以增強團隊的凝聚力,促進更好的合作。

5. **注重未來**：焦點解決諮商取向關注未來的目標和改進,而不是過去的問題。這有助於組織專注於實現目標,並在變化中不斷進步。

6. **員工參與度**：焦點解決諮商取向鼓勵員工參與解決問題的過程,增加他們在組織中的參與度,員工感覺受到重視及有貢獻意見,可以提高他們的動力和忠誠度。

焦點解決諮商取向透過強調積極、目標導向的方法,提供一種促進組織發展和改進的框架。這有助於創造一個更具創造力、積極和協作氛圍的工作環境。焦點解決取向教練適用於那些追求迅速解決問題、注重目標達成和促進積極改變的情境。

（二）焦點解決教練與一般教練的差異

焦點解決取向教練（Solution-Focused Coaching,SFC）和一

般教練取向或技巧之間存在一些差異,主要體現在方法論、目標設定和關注點上。以下是它們的一些區別:

1. 問題定義和解決方法

(1) 焦點解決取向教練:這種教練方法強調在客戶的目標、資源和解決方法上進行工作。教練通常不聚焦於問題的根本原因,而是致力於發現可行的解決方案。

(2) 一般商業教練:可能更傾向於深入挖掘問題的來源,包括問題的歷史和相關因素。這種方法可能更注重問題的診斷和分析。

2. 時間框架

(1) 焦點解決取向教練:強調迅速取得成效,通常能夠在較短的時間內達到可測量的目標。這種方法專注於即時的問題解決。

(2) 一般商業教練:可能會採用較長的時間框架,允許更深入的探討和發展。目標可能更加靈活,進展速度也可能會因個別情況而有所不同。

3. 客戶的參與程度

(1) 焦點解決取向教練:鼓勵客戶積極參與,強調他們的資源和能力,讓他們在解決問題的過程中扮演主動角色。

(2) 一般商業教練:可能會提供更多的指導和建議,並在客戶要求下扮演導師的角色。

4. 目標導向
   (1) 焦點解決取向教練： 著眼於確定和實現具體、可測量的目標，並鼓勵客戶在每個階段都關注進步。
   (2) 一般商業教練：目標可能更加靈活、涵蓋更廣泛的範疇，有時可能包括個人和專業生活的多個方面。

　　焦點解決取向的教練強調迅速解決問題，專注於客戶的目標和資源，並以協作的方式推動變革。相對而言，一般教練取向可能更注重問題的深入分析，並提供更多元的啟發和策略思維，發展較長時間框架的情境。在實際應用中，可能會根據具體情境和客戶需求採用不同的教練取向。各種教練模式都有其合適的場景，取決於客戶的需求和目標。

　　焦點解決教練取向的精神，乃相信員工之所以會有問題與出錯，可能有其理由與困難。在真誠地發問，邀請員工進行溝通，了解問題後，建構解決之道，相信員工具備解決問題的能力，在不需深化員工的負面情緒下，透過建設性、積極正向的提問，與員工來一場教練對話，讓員工的改變多些能量也更加容易。

（三）焦點解決教練取向的對話特色

　　Peter（2008）在《高效的教練》一書中指出，客戶通常都是帶著手電筒來找我們，只是他的光束指向問題，作為教練要提出問題，讓客戶能讓手電筒的光束朝向解決。在管理與溝通中，如果主管提問像拓寬光束般，讓光束能照到對員工有用的領域上，

員工知覺到的觀點就能被拓寬。其對話的特色如下：

1. 建設性地使用「開放式問句」

找出原因才能解決問題是傳統的思維，但在這樣的思考基礎下，客戶容易花很多時間在探討原因、細節，員工也更容易淪陷在困境、無望或覺得被責難。例如，許多主管常問：

「為什麼會發生這樣的問題？」

「是誰造成的？」

「你來這麼久了，難道連這都不會嗎？」

「你真的有帶腦子來公司嗎？」

「你知道出問題了，有去解決嗎？」

「那為什麼會失敗？」

焦點解決教練取向的對話帶來更具建設性、正向、合作的關係，讓職場工作更具生產性，透過提問，讓員工能夠思考，找出解決方法。比方說，可以這樣問：

「你一定也不希望老被我找來唸。」

「如果這問題可以解決，你想會是什麼情況？」

「你覺得你需要什麼資源，才能幫你解決問題？」

「你想想，換作是某人（客戶欣賞或關係好的對象），他會怎麼處理？」

「你想想，下一步需要做什麼，才能讓事情停損止跌？」

「如果要往老闆（客戶）要求的方向處理，你至少還要做到

什麼？」

「如果要往你剛才說的方向處理，你第一步要先做什麼？」

這兩組問句的差異是，第一組問句繞著問題打轉，想要找出原因，卻帶來苛責非難，極有可能引發員工的羞愧、無奈與沮喪，讓他更沒有效能感。第二組問句傳達了好意、友善，並且透過表達方式暗示事情可以解決，強調以提問讓員工思考多一點，可以讓事情開始好轉一點點。行遠必自邇，所以從第一步可以做的開始，先找到踏腳石般的目標，小改變才能累積大改變。藉由提出解決式的問題，讓對話轉移到談論「解決」，而不是一直陷在「問題」，如此一來，我們就會發現有一些眼前就可以著手進行的事。

2. 傾聽抱怨轉入期待與解決

Insoo 與 Peter（2007）提到所有抱怨與問題都包含解決策略的種子，端看你如何回應員工的抱怨。焦點解決教練會傾聽員工抱怨背後的期待、告狀裡的心理需求。比如 Sherry 說「工作真的讓我很沮喪！」時，如果我們回應「發生什麼事讓妳這麼沮喪？請再跟我說得詳細些。」你可以想像接下來的對話可能的發展方向，我們會花更多時間在聽取問題。

如果我們回應：「我了解，所以妳想找些方法，來解決工作上的問題？」就可把對話聚焦在解決方法上。Steve de Shazer 認為「討論問題只會引起問題，討論解決才會創造解決」。（引自李

淑珺譯，2007）。

最好的經營管理應該要能增強員工的心理健康，心理較不健全的人或神經質的人，若處於壓力下很可能會崩潰。當他們有能力應付壓力、度過這壓力期時，心靈會更堅強。愈健康的人愈能承受焦慮、沮喪與對自尊的威脅，負擔起責任，甚至會善用以上情緒來強化自己的心靈。要提供員工健康的心理發展，必須了解員工心理的需求與情緒（Maslow、Stephens、Heil，1998）。員工對工作的抱怨通常隱藏著他的需求，從持續重複的抱怨之中，可以聽出他在意的是什麼。建議主管先緩一緩，暫時放下自己的想法，去傾聽員工想要表達什麼。

焦點解決教練取向以 SBFT 為理論基礎，重視在對話中重建客戶的意義，並產生改變。將其運用於主管與員工的對話或教練對話中，是為了協助員工（客戶）在對話中重建個人意義，並促進改變的工具。林烝增（2021）彙整個人實務經驗及參考 Steve de Shazer 與 Dolan（2007）、Murphy（2008）、洪菁惠與洪莉竹（2013）等的見解，提出六大類促進他人改變的推動器語言：

1. 未知性語言（the language of not knowing）

保持未知、好奇，避免讓客戶對問題的假設自動化地成為第一序提問，而因此困住，例如：在員工提出想法時，暫時不批評或推翻，慢一點形成自己的假設，改為提問「怎麼說？」「你所謂的……是指？」「我很好奇，你所說的……？」「如果能有這

樣的改變，跟原本的情況有什麼差異？」以 not knowing 的態度為基礎，引導出員工的想法。

2. 合作性語言（the language of cooperation）

用試探性語言、協商語言，能維持合作又不會挑戰或疏遠客戶，例如：「嗯，關於這點，我不太確定……」藉此表示僅就這點有不同看法；「或許這樣沒錯……，而同時你可能要付出很高的代價，你覺得呢？」「我不曉得這樣是否實際……，不過你這樣說可能有你的想法，可以說說你的實際經驗是什麼嗎？」

3. 假定性語言（the language of presupposition）

語言創造真實，SFC 假定性語言與律師所使用試圖影響證人知覺的假定性語言相同，能讓客戶接受前提而回應，比如，客戶說：「這一年的營收被疫情打敗了。」教練說：「如果疫情緩和下來，你公司營運可以好轉，你會看到什麼狀況呢？」

4. 賦能性語言（the language of empowerment）

在客戶描述的基礎上，以「而且」（and）的思維，而非「但是」（but）的語句來回應客戶（Berg、Szab，2005／2007），例如：「我瞭解你已經試過許多方法。那麼你認為到目前為止，什麼方法對你最有幫助？」

將客戶的「強烈性、絕對性」字眼，轉以「嚴重程度較低、發生頻率較少」的用詞，暗示「新的可能」（De Shazer，1985；Murphy，2008； O'Hanlon、Weiner-Davis，2003），比如客戶

說:「每天進辦公室看到這一堆公文,我總是覺得很無助。」教練說:「當你看到桌上有一些需要處理的公文時,有時會覺得好像不知從哪裡開始比較好。」

5. 拓展性語言（the language of expansibility）

用假設問句來擴張、用社會脈絡的語言（關係問句）擴大、把問題外化為客體,因改變主體且拉開距離、空間而有轉變,例如:「如果疫情緩和下來,回頭看這兩個月,你是如何守護了健康也完成了工作、在兩者之間找到平衡的?」「如果提拔你的主管知道你能處理眼前的困難,她會說你具備什麼優勢?」「你是如何沒被恐懼、沮喪淹沒,在集中隔離所時,讓自己維持穩定心情的?」

6. 關係辯證的語言

改變要發生在人際互動內,焦點解決教練取向模式看重改變關係發生於互動與過程中,以循環問句方式,在雙方中啟動,先承接客戶想要別人先改變的想望、訴求,不推翻否認,在接納後,再引導客戶回到己身的位置,引導出他可以做的行動。將客戶內在覺察中,針對不同互動關係內涵進行辯證的歷程,這也是產生第二序思維的來源,能夠促進客戶解決問題的不同觀點,例如:「如果真如你所說,你的主管可以欣賞你、授權給你,你在這專案跟他的溝通會有什麼不同?」「假如你變得更願意合作,你身邊的同事會有什麼反應?」

（四）焦點解決教練取向的對話流程與路徑

焦點解決教練在對話中有個清晰的路徑，可以作為架構，Jackson 與 Mckergow（2004）提出焦點解決教練取向的路徑如圖1-1。

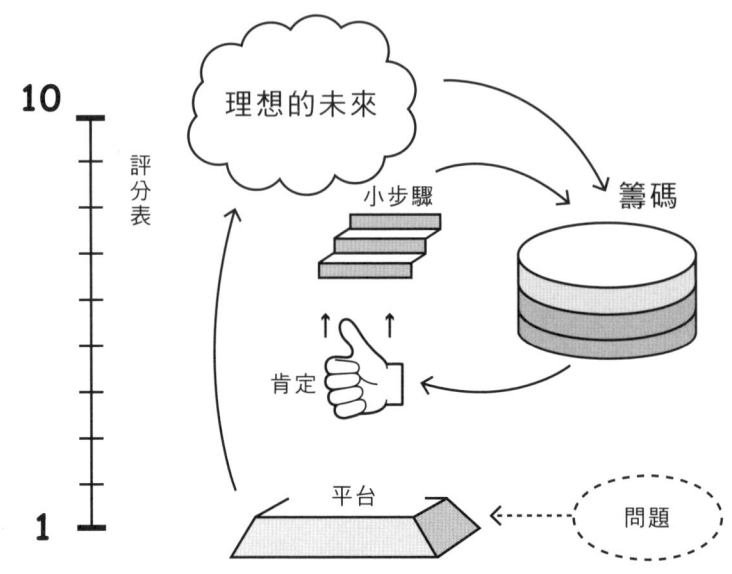

圖 1-1　焦點解決教練取向的路徑（引自 Jackson & Mckergow，2002／2004，The Solutions focus. p.35）

焦點解決教練取向對話是先從問題傾聽開始，在「平台」上整理重要的訊息，也就是理解個案所謂的困擾，但不僅是了解問題，還要留意對個案來說重要的人、事、物、個案做過與還沒做過的方法等，這些訊息都先整理在「平台」，透過假設問句或奇蹟問句，了解個案所勾勒的美好未來，從未來朝向現在移動，架

構出個案的現實面目標，找出過去曾有的例外，這些成功經驗如同握在個案手中的籌碼，會讓個案更有信心往前進，找到現在能做的步驟。在教練過程中，要適時給予合宜的讚美，也可透過評量問句來檢視位置、推進進度。我們會在第二章看到更詳細的案例說明。

De Shazer（1985）、De Jong 與 Berg（2013）及 Murphy（2008）指出，焦點解決短期諮商取向乃是積極使用語言，巧妙地使用語言以提升客戶的希望感，以利建構解決之道。焦點解決教練取向即是積極地使用語言作為客戶改變的發動器！

焦點解決教練取向具有實用的對話架構，能問出好問題，創造解決問題的曙光，帶動員工的能力。理解員工的知覺、能力與資源，在員工的例外經驗中發現解決之道的線索，切入小步驟以啟動改變，將有助於主管成為員工的心靈教練。

CHAPTER 2

「為何我沒拿績優?」
協助客戶自我評估與改變

Peter 看到報紙一則關於他們公司的新聞：「豪發 45 個月年終，員工一早被錢砸醒」，他滑了一下自己手機裡的行動銀行帳戶，愈看愈生氣，心裡想著傳說中的 45 個月年終獎金，為何自己沒領到？Peter 趕在過年放假前，著急地約了教練會談。

　　Peter 的公司近年透過併購，加速市占爬升，復以產業加速轉型及區域供應鏈轉單，在台灣的業界堪稱是勝利組，Peter 感覺今年自己 KPI 都有達成，應該能領到很好的績優獎金。在失望之下，他充滿了憤怒與不平。

　　我們先來看看 Peter 與教練的對話。

　　教練：「Peter，什麼原因讓你在放長假之前，預約了今天會談？」

　　Peter：「我們公司今年營運持續暢旺，自去年第二季起，營收連 3 季都創高，連新聞都說我們獎金發很多，誰知我卻沒領到績優獎金。」

　　教練：「多數員工在這樣情況下，應該也會跟你一樣充滿期待，很在意自己的考績與年終。」

　　Peter：「我真正生氣的是我主管明明說我表現很好，為什麼拿績優的不是我？」

　　教練：「你似乎也在整理自己生氣的原因？」

　　Peter：「是啊！如果我平常偷懶、表現不好就算了，這些年在疫情下我很努力跑單，他明明看見我的成績，也在會議上跟大家說我進公司才 3 年，但做得很好。」

教練：「你知道你被老闆肯定，但沒能領到績優的獎金，這兩件事同時存在。」

Peter：「是啦！我也不能否認，老闆確實有在大家面前誇我，但我還是很失望我不是績優人選。雖然我知道老闆希望我可以多跟組員合作，但我都把他交代的做完了，也不能因為這樣就影響我的績效吧！」

教練：「你能說說老闆誇你什麼嗎？」

Peter：「他說我很能吃苦、不計較、願意加班，在疫情爆發後大環境很差期間，我還簽下大單。」

教練：「你能獲得主管的肯定，真的很有實力也很努力。我想問你，老闆希望你在工作上還有什麼改變嗎？」

Peter：「確實有，他說雖然我的表現很好，但也不要因為是名校畢業，就不跟大家來往，要跟大家多合作。」

教練：「怎麼說名校畢業影響你跟同事合作？」

Peter：「我很少跟大家討論，覺得浪費時間，很多事我一聽就懂了，也知道怎麼做。但那些老員工都還用舊方法，效率很差，有些人可能覺得我很驕傲吧！」

教練：「你有觀察自己與同事的工作方式，也注意到你與他們的關係，這對你在這家公司工作有什麼影響？」

Peter：「老闆希望我好好幹，之後會提拔我。他認為我學歷好、有潛力、學得快，知道我很衝、常拉進千百萬大單，我加班到很晚，他也都看到了。如果我跟大家相處好一點，會有機會比別人更快進入管理職。他常說團隊的力量可

以1＋1大於2！」

教練：「你對於現在與團隊的關係有什麼看法？」

Peter：「我確實很少主動跟他們說話，我喜歡自己做比較快，跟其他人一起工作，還要解釋給他們聽。不過有些事，我是第一次碰，確實要了解同事、前輩的經驗，特別是客戶端，有很多「眉角」的問題。但團隊裡面有一些倚老賣老的同事，我跟他們都不熟，也不想主動跟他們說話。」

教練：「做什麼改變可以讓老闆更確定你能夠挑戰管理職呢？」

Peter：「如果新來的同事主動來問我問題、跟我說話，或者主管交代我教他們工作，我會幫忙、跟他們互動，但倚老賣老的同事，我其實有點排斥跟他們講話。」

教練：「你有主動幫忙新人的時候，也能注意到自己暫時比較不願意與資深同事互動，這對你重要嗎？」

Peter：「其實，如果我以後要做管理職，也要管得動這些老鳥。我跟新人滿能聊的，但是跟這些老鳥合作，就覺得很累。如果我能夠克服這一點，我想我在公司是很有發展機會的。」

教練：「如果能夠逐漸克服這點，你上起班來會有什麼不同？」

Peter：「跟大家相處好一些，能讓這些老鳥比較服我、願意聽我的。」

教練：「如果要往這個方向前進，你可以從什麼開始做

起呢?」

Peter:「可能先融入他們,在旁邊聽他們聊什麼,以前我覺得這樣很浪費時間,就很快走開,我想我可以在他們一起聊天時,多聽聽他們的經驗。我想我之前每次都很快作出判斷,是以為他們都在講些沒用的事。」

一、對話中的焦點解決教練取向

我們來整理上述對話中,有哪裡運用了焦點解決教練取向:

(一)使用「一般化」技術作為接納與同理

在教練對話中,客戶很常從抱怨開始,抱怨老闆、公司或他人的問題,以 Peter 為例,他認為他這麼衝刺、拚搏,應該要領到績優獎金,他將問題歸因於別人。當我們認定問題在他人身上時,眼光很難放到自己身上,自身就不會知覺到需要改變,而是希望別人改變,聚焦於此,就不容易展開解決方案。在這段對話中,我們看到教練先接納了 Peter 的問題,並給予「一般化」技術回應。Peter 抱怨自己的失落與生氣,這是很常見的職場心情。教練在這段對話中,使用「一般化」技術,表達理解 Peter 的感受,指出多數人的反應也是如此,這幫助 Peter 可以抒發情緒,是焦點解決教練取向自然同理的一種方式。

同時,教練也如同照鏡子一樣反映,讓 Peter 知道自己已「覺知」生氣的點在哪裡。焦點解決教練取向的精神有如同東方

太極圖的概念，事情有黑就有白，有問題就有解決，所以在這段對話中，教練指出 Peter 沒有獲得期待中的績優獎金，但同時被老闆誇讚，這有助於讓人看到事情有不同角度，這黑（沒有獲得期待獎金）與白（在公開場合受到誇讚）同時具存。正向思考不如我們所想，每件事都是 happy ending 才叫正向，往往在練習正向看待事情之前，我們需要練習看到事情確實有部分順利、有部分不順利。換句話說，Peter 有部分達到主管期待、有部分沒有達到。看見自己有的，是改變的基石，往想改變的方向前進，這才是要努力的目標。

所謂的「一般化」技術，是指讓客戶對自己的問題感到正常化，具有普同感，比如「多數人都會有這樣的感受」。焦點解決教練取向使用「一般化」技術，可以自然同理客戶的感受，但不用在此時深入探索負面情緒，也就是自然的同理、剛剛好的同理。另一種表述方式是用時間軸來表達「正常化」，比如「你尚未找到更好的解決方法」，這樣的敘述暗示客戶只是現在被問題卡住，不代表永久無法解決，帶給客戶一些希望感，但不適用無謂的安慰方式。

在企業教練中，過度的同理心或錯誤的同理心會讓情緒升高且被擴大，焦點解決教練取向擴大 Peter 的能力、被賞識部分、想晉升管理職的目標。當 Peter 從抱怨移轉到自己的能力、老闆的看法，這裡很重要的是，不能直接用老闆的期待去扣壓為他的目標，而是探詢 Peter 對晉升管理職的想法，只有當目標是「他自己也想要」時，才能往前促進與展開。

（二）使用「關係問句」，引導客戶擴展身邊重要人物的思考角度

多次從主管眼光與角度提問「你主管對這部分的看法？」在摘要出對方的看法後，再提問客戶的看法，這在焦點解決教練取向中是常用的「關係問句」，目的在讓 Peter 移動觀點、拓展不同人的角度，但不會變成用其他人的期待來壓迫他，同時有機會讓 Peter 整理自己的想法。

在問出身邊重要人物的想法時，教練要留意別成為他人的殺手或代言人，勿幫他人站台，鼓吹客戶順應他人的期待改變，也不是用第三者來與客戶比較，這並非關係問句的本意。關係問句的目的在於讓人拓展思維，以不同角度來看同一件事，善用客戶身邊重要的人或有意義的人，提取客戶身邊的資源，讓客戶思考其他人會怎麼說、想、反應，使客戶從中獲得啟發與思考。

（三）使用「鏡映」反應技巧，不過度詮釋與分析客戶

人常常不知不覺，教練要做的就是讓人提升對自己的知覺，並且化為有用的肥料來滋養自己。在上述對話中，教練回饋 Peter 有注意到自己與人的合作方式。教練再次像鏡子般反應「你有注意……」這樣的回饋，不是明顯的讚美，也不是批評指教，單純就是映照出來，指出客戶已經在做、能做到的部分。教練指出這些對客戶的目標有幫助的事，在多次之後，客戶也會去看、去想、去觀察自己在做什麼、對目標是否有幫助，學習這樣內在對

話思考,客戶未來也可嘗試這樣問自己。對話最後一句「這樣與人相處的方式,對你的工作或發展有何影響?」這樣的問句能輕推一個人往前思考,焦點解決教練取向的提問往往都有這樣輕推的力量。

在對話中,教練時常使用「簡述語意」技術,像鏡子一般客觀如實呈現出客戶所說、所言、所想、所做,這往往能幫助客戶檢視自己。這裡要注意的不是評斷客戶,也不是全面的認同。

例如:「你知道你被老闆肯定,但沒能領到績優的獎金,這兩件事同時存在」,這提醒客戶事情有不同角度。又例如:「你是否注意到自己習慣一個人創造績效,是否注意到自己在有些人的眼中似乎十分自傲」、「你已經觀察到自己與同事的工作方式,也會主動幫忙新人,但也注意到自己暫時比較不願意與資深同事互動」。

這些反應技巧其實是焦點解決教練取向對話的基本功。看起來很簡單,但說出來卻對客戶很重要,因為客戶可以從教練口中清楚地聽到自己的情況,才有能力重新選擇減少自動化反應。

教練要做的就是回應、不批評、不評論、不過度詮釋。過度詮釋或專業分析,容易帶來專業隔閡,除了客戶不容易懂之外,也容易帶進專業階級的談話氛圍,將教練關係演變為指導關係或答疑關係,讓客戶固定在發問、等答案與意見的位置。透過鏡映如實呈現,就像太極圖,有「黑」也有「白」,建立起尊重、合作的教練關係,同時能夠幫助客戶認識與了解自己,以達到自我增能。

美國網球教練提摩西・高威（Timothy Gallwey）在《比賽，從心開始》中強調，教人打網球，技術上的指導不是最重要的，如何協助球員排除心理上的障礙才是重點。Gallwey 將這些教導從運動心理學推展至其他生活領域。他闡明如何透過平息自我批判和尊重自我來穩定內心，這有助於我們實現任何目標，他稱之為「進入化境」（getting in the zone）。

這很像討論績效這件事，不僅討論表面事件或問題，而要在討論績效時化解員工的心理排斥與阻抗。Gallwey 認為重要的是員工的經驗，這個想法與焦點解決教練取向精神很契合，如果我們問選手「你有沒有看著球？」選手心裡很容易自然升起被懷疑、責怪的感受，若再緊追著問「為何沒有打到球？」選手容易歸因於其他理由，比如過度歸因於「風太大」或「因為觸網」等外在因素，或歸咎於「太累、恍神、緊張」等自己值得被同情的理由。如此一來，會無法提升選手的能力或動機，反而容易使他們感到挫敗。

然而，如果提問是從選手的經驗出發，貼近他的個人經驗，例如：「當你注意到球過網時發生什麼情況，你可能需要應變？」或是「如果注意到球在旋轉，你要怎麼往哪個方向揮拍？」像這樣借重選手的經驗，他們才能從經驗中來看改變。當個案善用自己過往的經驗，自己就是自己問題的專家，而不用依賴外在專家給予自己意見。

總結來說，員工或客戶的經驗與能力，是主管、教練需要多加提取出來、善用的，也讓員工可以清楚自己「具備的能力」。

（四）使用評量問句，聚焦與提振績效

評量問句不只評量，也啟動改變。許多組織主管很不想跟員工面談，常流於形式，也有更多主管不知該如何與員工面談、激勵他人。

其實，除了外部教練，企業主管也能運用焦點解決教練取向的對話技術與員工對話，除了用在平日的關懷，更可用於正式的績效談話。到底要如何與員工討論績效，才能讓員工打從心底願意開放、坦誠檢視自己，在不夠達標的項目上，也能與員工進一步討論，以達到共識，又能提出改善計畫與行動，而不落入虛應與空談，可參考以下提問：

- 你今年對自己上半年的投入程度，以 1～10 來說，1 是還沒開始，10 是非常投入，你覺得你大概在哪個數字？
- 主管覺得如何呢？跟你最熟的 N 君，覺得你的投入有幾分呢？
- 你覺得大約要達到幾分，才能讓老闆滿意，你有想到還可以做些什麼嗎？
- 如果要往前再多努力一分，你第一步要先處理什麼？在何時以前處理？你需要什麼協助？

O'Connell（1998／2006）為經理人、管理者及人事部門主管等提供焦點解決教練取向技巧，他指出焦點解決教練取向技巧與價值可提升工作環境的文化，改善溝通與問題解決。

二、焦點解決教練取向對話的路徑與工具

在第一章裡,我們提到焦點解決教練對話歷程的路徑,Jackson 與 Mckergow(2004)提出焦點解決教練取向好用的地圖,可用於訓練主管的領導對話中。以下說明此路徑與工具。

(一)建立平台:從抱怨問題移動到平台

首先是平台,所謂平台是指尋求解決之道的起點。當員工抱怨問題時,教練要仔細傾聽,在傾聽過程中聽到客戶已做的、能做的、可能有的機會、資源等。將客戶抱怨的問題中有用的訊息,透過整理、摘述等反應技術,整理放置於「平台」,在平台上留下談話素材。特別要關心的是員工抱怨問題時,他想要的訴求、期待,以及他認為的解決之道。當詢問員工「理想的未來」時,就會找到員工想要的未來。以上述 Peter 的例子,他理想的未來就是領到豐厚的績優獎金,要達到此目標,他需要有更好的團隊合作關係。

(二)描繪未來藍圖:理想的未來

接著詢問 Peter 關於團隊合作的圖像,請他想像未來(如下一季)與同仁關係會更加合作(理想的未來),那時與現在會有何不同。差異問句可幫助人們區隔現在與未來,在時光軸度上拉開距離、探討改變。以提問幫助 Peter 勾勒出美好的藍圖,就算是夢幻的粉紅泡泡也無妨。接著,再透過問句像漏斗式聚焦地探

問他上班時的一天概況，尤其是與同事間的互動有哪裡不同、他會做些什麼、跟誰、最後會如何。若提問太過抽象而美好，就要再往現實面、結果式、行動面聚焦，以幫助客戶將「理想的未來」具體化。

（三）跨出一小步：成功的焦點解決教練取向導向的行動

再來只要問 Peter 他要做哪些小步驟或小行動、第一小步要從哪裡開始，這樣可以把理想目標從雲端建構出具體的行動梯，搭到地面上，自然就能實踐與行動。

目標要能實踐，非常需要切成小步驟，小步驟往往能發揮大效益，能夠把箭頭帶到籌碼，小改變能帶來大改變。成功的焦點解決教練取向小步驟具備下列要素（Jackson、Mckergow，2002／2004）：

- 步驟要小，比如進辦公室時，先跟遇到的人打招呼、寒暄、點頭。
- 明天就可以實踐，比如週三就去找 Paul，約時間討論庫存問題。
- 是開始不是結束，比如開始跟坐在隔壁的同事互動。
- 具體明確，比如聽完同仁做了一段很冗長的報告時，自己要避免口氣不耐煩，盡量在對話前先告知自己有多少時間可以談話。
- 想要改變的目標，讓客戶自己來實踐，比如中午主動邀鄰

座同仁一起出去吃飯,而不是等同事來邀約。

(四)找籌碼

「籌碼」也是讓客戶感到賦能的技巧。Jackson 與 Mckergow 提出的籌碼有 3 種,其中「過去成功的經驗」是最大的籌碼;還有正在嘗試中、有效的方向,或是沒那麼糟糕的狀況,這是第二種籌碼;第三種籌碼指的是,在與問題困鬥中,個人目前所採用的因應方法,雖沒大進展或突破,但至少也是支撐自己的一種方式。我認為這三種籌碼就是 Insoo 所提出的例外問句,解決或問題沒發生的狀況就是例外,例如:上台簡報一向感到緊張害怕且講話結巴的大明,在某一次分享自己擅長的主題時,竟然很順利地報告完畢;其次,問題沒那麼嚴重也算是一種例外,例如:大明在人數少一點的會議上報告,緊張程度較小,講話結巴情況也沒那麼嚴重。

最後一種籌碼,我認為就是 Insoo 所說的因應問句,在問題尚未解決之下,客戶依然有其生存之道或應付之道,讓他到目前為止還能撐住或熬過來。不管是「例外」或「籌碼」,其實都是在引出客戶的能力,唯有客戶在知覺上能夠感知、體認自己可以解決問題,過去也曾解決部分問題,才會感到未來是有希望解決問題的。比方說,我們可以問 Peter 下列問題,幫助他找出籌碼:

- 過去,當你跟同事相處順利、甚至他們願意聽取你的意見時,那時的情況是如何?
- 你認為你的哪一些特質,對於你與部門同事相處是有幫助

的呢?
- 有沒有在哪次專案中,你跟大家合作較為順利?
- 即使你說跟大家目前處得不是很好,仍能跟大家一塊上班,你是如何堅持的?
- 假如我採訪你的同事,他們會說如果你改變哪些地方,他們會更樂意與你合作?
- 到目前為止,你至少沒跟團隊關係太差,也還能一起工作,你是否做了什麼,讓你與他們的合作沒有更差?

這些都是籌碼,過去成功經驗下的想法與行動,都是 Peter 的資源,這就是最好的籌碼,只要將這些經驗調整為現在情況可用的,或是複製、貼上,抑或再往有效之處多做一點,或者稍微根據不同人事物微調。其次的籌碼是雖然沒那麼成功,但也能止跌,至少讓團隊還能運作,這背後一定存在有用的作法,只是我們得去發掘出來。這些籌碼都能讓人看到自己的能力,同時有助於整理過去有效的方式,以及帶給困境中的人希望感。

這些路徑其實「條條道路通改變」,路徑除了解決之外,談話需要用到的工具就是焦點解決取向的技術,皆是利用不同提問與技術,建構出解決之道,工具(技術)與路徑的搭配如圖 2-1 所示。

在這路徑中,首先在平台上,焦點解決取向教練通常使用正向開場、一般化、傾聽與自然的同理,提供客戶支持之外,也是了解客戶的困境。

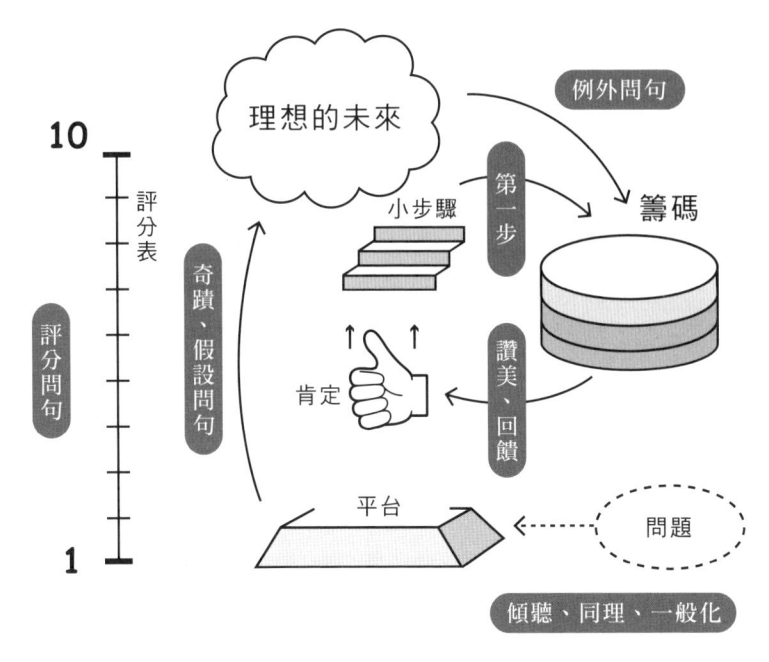

図 2-1 焦點解決取向的路徑與技術搭配（作者修改自 Jackson & Mckergow，2002／2004，The Solutions focus. p.35）

接下來，透過使用奇蹟問句或假設問句，能更脫離困境，移動到美好的未來與期待上討論。對客戶來說，美好期待猶如粉紅色泡泡般美好、理想，教練要自然地理解、接納，再將它往現實的方向移動，轉換為目標。意思就是說，並非每個客戶的理想都可以是目標，比如客戶說「真希望中樂透啊！」「希望錢從天而降！」當客戶的期待難以實現，教練只要理解，比如回覆「是啊！如果能這樣真好。」更重要的是往現實面提問，像是「哇！這麼美好，但不容易發生，請問比較可能的情況是什麼？」像這

樣做文字、思維的移動,不是盲目地同理客戶無上限的理想,而是讓期待往現實聚焦,使其成為可行的目標。

在籌碼的路徑上,只要有了目標,就可以使用例外問句,可以尋找成功經驗,就算再缺乏明顯成功的作法,相信客戶也有現在抵擋、因應的辦法,這些都是客戶的籌碼。

在邁向行動、解決的路徑上,教練要適時地穿插進行評量與讚美。

Jackson 與 Mckergow 提出焦點解決教練取向的對話路徑,除了建構目標、檢核目標,教練還要在過程中讚美客戶,透過實際指出 Peter 做對的事、具備的能力與資源,給予合宜的讚美,這往往能賦能客戶。焦點解決教練取向的教練在引導員工或客戶的過程中,並不是顯示自己很專業或很會解決問題,而是幫助客戶發現自己已有的能力或潛在能力,所以很強調賦能的概念。

Peter 只要願意從理想未來建構出小步驟,教練就可以搭配評分問句,透過量尺來幫助他評量目前離目標有多近。幫助 Peter 用自己的角度來評估,也可以從他的系統中與此議題有關的人,比如從同事、主管的角度來評估,以拓展 Peter 思考解決的眼光與角度。這正如 O'Hanlon(1995)表示他把解決導向治療（Solution-Oriented Therapy）視為潛在能力治療（Possibility Therapy）。

CHAPTER 3

為客戶量身訂製的焦點對話
—— 價值觀與信念的實踐

Mark 是一位造紙機械工廠的客服部經理，這家公司高層主管對 Mark 有很高的期待，但 Mark 對外派、升遷總是能閃即閃、興趣缺缺，讓公司高層很頭疼，所以安排了教練會談。承辦人提到公司對此次教練會談的期待：燃起 Mark 的熱情，讓他發揮所長、願意承擔更多責任，因為高層有意培養他作為接班人。

　　進行教練會談時，Mark 給人溫文爾雅、說話不疾不徐的感覺，尤其外語能力極佳，也很熟稔公司各部門業務。一開始，教練也很想知道是什麼問題阻礙 Mark 對升遷的意願，學習多年焦點解決思維的教練轉念一想，Mark 一定有他的理由，就更加好奇 Mark 如何看待工作，以及對自己生涯的期許。

　　Mark 選了很早的時段安排教練會談，以下是焦點解決教練與 Mark 的部分對話。

一、信任的教練關係

　　教練：「Mark，謝謝你的信任，願意接受這個安排。」
　　Mark：「反正我也很好奇，何況不用自己花錢。」
　　教練：「你的坦誠讓教練非常敬佩，尤其在大企業中工作，這特質更難能可貴！」
　　Mark：「把事情做好是本分，反正我只想好好過日子，別無他求。」
　　教練：「聽起來你很重視日子過得好不好，對你來說『好好過日子』是什麼樣子？」

Mark：「不愁吃穿，工作平順，公司賺錢，我們有獎金領，有時間陪陪孩子，家人也都健康平安，這樣我就別無所求了。」

教練：「聽起來條件還不少，那你如何排序這些事情的重要性呢？」

Mark：「哎……（思考狀），教練再問下去，我都要長出白頭髮了。」

教練：「哈哈！那剛剛你列出的條件，哪些是必要的，哪些是想要呢？」

對於以上開場對話，大家感受到什麼呢？在教練關係中，若我們簡單以 push、pull、challenge 和 support 構成的四維象限區分，教練與客戶關係移動的軌跡為何？強大的信任關係不代表要永遠同意對方說的話，反而是彼此能提出不同看法。信任基礎堅實的夥伴仍會有意見不合的時候，但當看法不同時，較能正面以待。在變化快速的商場，許多企業人士習慣直接談工作，尤其在專業領域不認為高 EQ 是首要條件，大家的心態通常是你必須先證明你有多厲害、至少是有腦袋的，再決定要不要信任你。然而在教練關係中，了解彼此的優點與缺點、建立互信才是達成目標的捷徑。

Edgar H. Schein 等人（2020）在《謙遜領導力》一書中提到，謙遜不是領導者很低調，更不是示弱，而是對組織、成員各自獨特性的尊重理解，也是對傳統權威領導者角色的一種提醒。

這樣的「謙遜」中，蘊含著對人與關係的尊重與珍視。這精神用在焦點解決取向是一種尊重、正向的開場，在談話中充分地傾聽客戶在意與重視之處。焦點解決取向重視傾聽一個人內在的想要與渴望。渴望是個人價值觀、期望的具體展現，如何從渴望轉化為核心目標，創造思維上的質變，為教練的對談提供明確的方向。而不管客戶的問題、困擾、擔憂、恐懼是什麼，只要能夠辨識出他真正想要的是什麼，下一階段的構建解決方案就能產生巨大力量。

二、實踐價值觀，展現力量

教練：「Mark 你在這家公司待多久了？」

Mark：「從老二出生到現在，快 10 年了。」

教練：「你剛剛回答時，臉上表情有些不同，發生了什麼事嗎？」

Mark：「老大出生時，我正在國外出差，想到太太一個人坐計程車到醫院生產，對太太和哥哥（大兒子）就很抱歉。所以我在老二出生前就把工作辭掉了，陪老婆做完月子，才到這家公司。我以前可是很精實的，做完月子後，身材就變這樣，沒再恢復過了。」

教練：「所以這份工作跟過去的工作對你最大的不同之處是什麼？」

Mark：「加班少，出差時間短。」

教練：「這兩個不同點為你帶來什麼？」

　　Mark：「哈哈哈！我們可以常去露營、打球。你知道，男孩子精力充沛，媽媽是招架不住的。」

　　教練：「聽起來你和家人的感情相當融洽，這是怎麼做到的呢？」

　　Mark：「（眉飛色舞）說真的，我確實花了許多時間，扣掉上班，我幾乎都把時間花在研究如何和兒子們有效玩樂，好消耗掉他們無窮的精力。」

　　教練：「什麼是『有效玩樂』？」

　　Mark：「玩樂也是要學習的，我常和老二玩積木、機器人，他對空間理解就比老大強，個性也較安穩、開朗。而老大從小就只有媽媽一人照顧，比較沒安全感，但在感受層面，比如美術、音樂上，就明顯比弟弟優秀，跟媽媽興趣比較接近，我就跟他一起追『好和弦』這一類的 Youtuber。」

　　教練：「聽起來 Mark 很用心地陪伴孩子們成長。孩子在這段成長過程有你的陪伴實在很幸福。你期待他們會怎麼樣形容你呢？」

　　Mark：「慈悲、勇敢、紀律、有智慧。」

　　教練：「『慈悲、勇敢、紀律、有智慧』，這九個字是怎麼來的？」

　　Mark：「我媽真的很慈悲、勇敢，現在回想起來也很有智慧。當年我爸在海防執勤，有一天深夜家裡來了 2 個搶匪，我媽冷靜喊著『別開燈，孩子在睡，我也不想認識你。

你就搬吧！』那時我也被驚醒了，但嚇得不敢出聲。事後，我媽只是淡淡地說『不就是缺錢才鋌而走險，何必為難他們？加上你們還小，安全就好。』結果，為了彌補那晚失去的生活費，我媽天天幫人做衣服到半夜，一早還幫別人家洗衣服（Mark 眼神望向遠方）。」

教練：「你想你媽對你做了什麼重要的身教？」

Mark：「可能是冷靜、智慧、顧及現實，以及給孩子安全感吧！但也讓我變得膽怯、不敢有話直說。」

教練：「怎麼說呢？」

Mark：「對孩子、同事都一樣，只要有人做錯事，我都無法直說，甚至還感到愧疚……這也很怪，哈哈哈！」

教練：「無法直言的狀態為你帶來什麼？」

Mark：「雖責怪自己，但也顧及現實情況，保全了一些人和事，至少有 3 位前同事說，他們認為我能顧及大局，畢竟做人做事總要留些轉圜餘地。」

教練：「就你的理解，媽媽會如何告訴你，她是怎麼做到不衝動、展現冷靜與智慧的？」

Mark：「……（沈默，眼眶濕潤但眼神閃亮）。」

這段靜默讓教練對話產生了契機，在這樣的氛圍裡，客戶浮現了力量。

透過教練對話，客戶看見自己生命中的重要力量，還有身邊母親、孩子、同事對他的觀點，即使他討論的是關於工作事務的

達成,也能在這樣的對話中整理自己的內心,靠近自己內在正面的感受、力量所在。

回到教練核心精神,教練要創造一個讓客戶可以安心展現自己、暢所欲言的安全空間,並如同一面鏡子,給予客戶最大的尊重與陪伴。

教練:「這真是不容易,卻又如此有意義。在生活中,你是如何展現這些你重視的價值?」

Mark:「去年,我們去英國北部自助旅行2週,在野外露營的經驗,讓他們覺得爸爸太強了。」

教練:「怎麼說?」

Mark:「我們開著露營車,在野外紮營,半夜熄滅的火堆有聲音傳出,孩子們有些被嚇到。黑暗中,我一手抱一個,請他們別開燈,一起安靜地起身偷偷觀察,原來是山羊來找食物,還好我們將食物與垃圾收得很乾淨,否則讓動物吃到肚子裡就麻煩了。兒子對我要求他們要收完營地才能休息一事,剛開始很不情願,但後來覺得爸爸有神一般的預測力,有智慧且勇敢,能帶著他們在野地生活。後來的幾天活動,我覺得自己像國王統領三軍,大家也玩得很高興。」

教練:「你能讓家人感到安心,既能安撫,也能要求、管理孩子。」

Mark:「當你肩負一家的照顧之責,也只能如此。」

教練:「這些生活中的美好經驗,如果有機會和職涯連

結，會是哪些部分呢？」

Mark：「這我也想過，孩子漸漸長大，需求不同了，似乎該有些不同規畫，只是還沒空多想。」

教練：「似乎你已經有些覺察了，你覺得何時適合探討這個議題呢？」

Mark：「如果到時候再想，好像太慢，孩子日日在長大，不等人的！」

教練：「老大現在幾歲呀？」

Mark：「明年要上中學了，很煩惱呀！」

教練：「煩惱些什麼？」

Mark：「哥哥個性壓抑拘謹，我希望為他找一個自然開放的學校，調和他的性情。如果到私立、升學掛帥的環境，真怕他凡事放心裡的個性，會讓自己太辛苦。」

教練：「這真是需要好好想想，哥哥怎麼想？」

Mark：「前幾次出國，他似乎很喜歡加拿大東岸的環境，加上他的好友即將移民，他們約定寒暑假要輪流住在對方家。」

教練：「那你和太太怎麼想？」

Mark：「最近我們有認真考慮這件事。小姨子住在多倫多，有個小兒子，整天就期待他們兄弟過去。」

教練：「如果把近 10 年的規畫與你的職涯做些連結，會有哪些可能？」

Mark：「我沒想過耶，哈哈哈！」

三、引導客戶改變

對談重點在陪伴客戶釐清想要的是什麼，以及哪些事情是需要考慮清楚的，鼓勵客戶有更多想法，將行動重點放在較小且正向的行動方案上，要適時在每次教練過程中建構家庭作業、任務，藉以深化思維與行為的改變。切記，教練是引導客戶改變，不是去主導客戶改變的方向。

　　教練：「如果你的職涯與現階段家庭的生涯需求結合，會是什麼樣子？」

　　Mark：「我應該會工作得很快樂，嗯，應該跟現在的狀態差不多。」

　　教練：「既然差不多，這其中的變數是？」

　　Mark：「孩子持續成長中，大人似乎必須提前部署。」

　　教練：「聽起來你很有危機意識，現階段，你心中的『提前部署』是什麼？」

　　Mark：「儘早決定哥哥未來 6 年中學的教育方向，確認後，就要選地區與學校。」

　　教練：「可以多說一些嗎？」

　　Mark：「簡單說，就是要選擇體制內或體制外的學校？要選擇海外還是台灣？要參訪學校或寒暑假短期試讀？很多事情可以做。」

　　教練：「聽起來只剩 9 個月，確實有許多事可以做。現

在可以先做什麼？」

Mark：「先增加收入，哈哈哈！」

教練：「你的主管如果聽到這期待，他會怎麼說？」

Mark：「哈哈哈！這問題不好說耶！他可能會說『來來來，考慮外派吧！』」

教練：「那你的想法呢？」

Mark：「或許可以考慮，主要是家人的意願，當然也要看地區與工作內容。」

教練：「除了這個選項之外，你的太太聽到這期待，她會怎麼說？」

Mark：「你高興就好，或者去問兒子。」

教練：「聽起來你與家人無話不談。除了外派，還有想到哪些方向可以幫你達成第一步的準備？」

Mark：「工作內容調整、兼差，或者是跳槽呀！可別跟我老闆說。」

教練：「對話內容是保密的，除非涉及法律、專業倫理與道德議題，你不用擔心。」

Mark：「了解，今天讓我對下一段人生有種躍躍欲試的興奮感，我想把今天談的幾個問題，回家跟太太與孩子好好聊聊！」

教練：「當你走出這個房間，跟對談之前的你相比，有什麼不同呢？」

Mark：「雖然我們談的是生活、家人與職涯，三者卻息

息相關，我似乎找到了問題所在，但是還無法很完整地表達出來。」

教練：「很高興能夠喚起你些許的覺察，並且有了第一步的行動。」

Mark：「或許回家討論完，想法就會有所不同，下一次對談時，再來聊聊。」

教練：「我今天對你能一手安撫、一手管理，讓身邊人有安全感，又能顧及大局印象很深刻，我很同意你先與家人討論下一步，我們下次可以繼續談你的職涯與家庭。」

Mark：「謝謝教練，下次見。」

在這段對話中，教練不是從高階主管的「想要」說服 Mark 接受培訓，也不是從外派增加歷練、努力升遷等話題展開討論，而是順著客戶開場談到的生活，以及他所重視的人、事、物，來了解客戶。在這傾聽過程中，教練理解到客戶母親帶給他的力量與影響，也從母親、孩子的視框來看客戶所為，話題簡單卻能深入客戶重視所在。焦點解決重視傾聽，但傾聽不是純聊天，而是聽出客戶具備的能力、資源與優勢。透過系統中其他人觀點來與客戶內在想法互動，將會勾勒極具意義的主題與目標。要盡可能積極傾聽客戶，傳達同理，幫助客戶辨識個人的資源與優勢，給予肯定與正向回饋，及時協助客戶，使其因為感受到同理與接納所產生的內在力量，奠基未來轉化的能量。

經過 1 小時的初次討論，雙方同意暫時將教練歷程規劃為三

大時期：初期聚焦在探索 Mark 的生命價值觀與信念；中期協助 Mark 在價值觀與信念中，尋得生涯與職涯的連結；最後階段聚焦在促進思維與及行為的改變歷程與內化，協助 Mark 構建並實踐個人生命的夢想藍圖。雙方協定在 2 週後啟動教練會談。

四、教練對話歷程

1. 初始階段：建立關係

在教練對話中，建立良好的關係非常重要，因為這可以幫助客戶感到放心，並且有助於建立信任。在這個階段，教練會試著了解客戶的需求和目標，以及客戶為何對這些事情感興趣，同時傾聽客戶的故事，並與客戶建立共鳴，讓客戶感覺到教練是理解他們的。

2. 第二階段：探索客戶表面議題下的渴望

此時教練會詢問一些開放性問題，以了解客戶的真正渴望和目標。試著挖掘客戶內心深處的想法和感受，並且盡可能不斷追問，以更理解客戶的需求。

3. 第三階段：喚起覺察與渴望的連結，並邁開正向行動一小步

這階段是教練效能的起飛期，必須協助客戶創造遠見、尋求新願景。教練會詢問客戶更多有關他們希望實現目標的問題，以幫助他們看到這些目標與他們內在渴望間的聯繫，並制定可行的

目標和計畫，確保他們邁出正向的一小步。接著總結整段對話，確認客戶的目標和計畫，以及下一步的行動計畫。同時，陪伴客戶思考行動過程中可能出現的障礙，並幫助他們思考、制定應對措施。

最後，焦點解決取向結束會談有 3 個小步驟：讚美、橋樑、給出建議或實驗任務。在結束會談時，教練畫龍點睛地讚美客戶，比如「我今天對你能一手安撫、一手管理，讓身邊人有安全感，又能顧及大局印象很深刻」，這樣的讚美不浮誇且符合事實；接著，將本次對話中與重要議題有關且教練感到認同的部分，比如「我很同意你先與家人討論下一步」，透過橋樑予以連結，讓客戶再次感受到被認同；最後，可以給予客戶建議，或提供他實驗方法、家庭作業等，比如「我們下次可以續談你的職涯與家庭」。

Mark 的案例融合了多個教練現場個案情境，雖然客戶工作現況與家庭關係融洽，然而在工作現場中，若能與生涯上的渴望連結，多取得個人目標與組織目標間的平衡，在談話中，聚焦客戶關注的有效因子，適時評估進展和效益，將能幫助客戶實現整體的目標，為客戶自己也為其團隊賦能！

CHAPTER 4

重要高管間的衝突與和解
——量身訂製的焦點對話

Steve 是一位科技公司產品部門的副總，身材高大，說話氣勢強大，業績很好，他和人緣極佳、講話妙語如珠的行銷部門副總 Ad，經常在公司破口大罵、互撂狠話，兩人都是公司的棟樑，所以讓董事會與高層相當頭疼。

　　「如何能讓兩位夥伴發揮所長又充分合作？」人事部副總 Pan 向教練提出這樣的期望，他提到前幾天的會議上，兩人因部門立場與意見不同，對於目前專案遇到的瓶頸提出質疑。Steve 認為 Ad 部門的同仁亂接單且不懂專業，做不到的技術也隨意答應客戶，讓他部門好幾位重要幹部做不下去。Ad 則認為要不是自己部門拼命衝刺，公司才不會有這麼好的成績。兩人吵到互相拍桌、推倒椅子與資料，一旁的同仁都不敢出聲，鬧得會議根本無法繼續。

　　教練了解公司的期待和公司為何先安排 Steve 談話的考量後，在安排 Steve 教練會談過程中歷經波折。根據 Pan 轉述，Steve 充滿委屈地問著「為什麼是我？」極不願意進到教練現場。因此在正式進入教練歷程前，特別規劃了 2 次針對直屬長官與 Steve 各半小時的單獨訪談，而總經理特別以親身經驗，向 Steve 分享了教練對他的幫助，終於讓 Steve 願意接受教練會談。這些正是教練前的關係建立與訊息，對於教練而言十分重要。

　　在 6 次教練對話中，教練聚焦在理解 Steve 想要什麼，引導他展望個人理想的未來，想像改變後的情況，抱持美好藍圖與願景，協助他將個人目標具體化，並連結高階主管或公司的目標，專注於現在就可以做的，並找出過去經驗中成功與他人互動的經

驗。此外，教練也幫助 Steve 辨識自己做對的事，看見並整合趨近目標的資源、優勢、成功經驗等，以促進思維與行為改變，建構並啟動個人解決方案。讓我們透過以下對話來了解這些改變是如何發生的。

一、初始階段：建立關係

會談一開始，客戶經常是以抱怨開場，教練要盡可能以正向角度開始，積極傾聽客戶，在客戶的負面情緒、抱怨中聽出稍微偏中性、正向的訊息，並傳達同理，幫助客戶辨識個人的資源與優勢，給予正向的回應、讚美與肯定，這樣不但有助關係建立，也讓客戶感覺受到支持與接納。

教練：「Steve，歡迎你來到教練現場！」

Steve：「真不知道那個信口開河、任由部屬承諾客戶的人在哪裡？而我卻要坐在這裡。」

教練：「聽起來你很重視工作上的責任與信用，你希望我們今天討論什麼對你會有幫助？」

Steve：「我沒辦法和他溝通，他負責全公司的業務行銷與客戶關係，只要能接到案子，客戶的要求一律答應，產品部門根本不知道如何跟他合作，產品是製造的，又不是變出來的。更麻煩的是，和他說話常常一件事還沒談完，又突然切到另一件事。他那個人思考跳躍，說話沒邏輯，桌上文件

一團亂,而且每次對談,他不是要接電話,就是被緊急事件打斷,根本無法好好討論。最後大家也不再面對面談了,各做各的,要和他配合的項目多半沒有共識,更別說合作了,尤其在公司產品出問題的時候,那簡直是戰亂現場。」

教練:「聽起來感覺你非常在意產品的品質與公司的聲譽,因此和 Ad 的相處模式似乎讓你很困擾,你希望大家面對工作困境時能更完整地溝通、更有共識,是吧?」

Steve:「是啊!Ad 比我晚幾年進公司,當時他是企劃經理。早期公司人不多,但印象中我們沒什麼互動。一段時間後,我發現他在上班時間作股票,對他就更沒好感。」

教練:「教練感受到你對職業道德與倫理的堅持,而且你沒有因兩人合作狀況而情緒失控,反而為了公司願意來到這裡,這真是不容易,教練真的很佩服你!」

Steve:「哎……(略顯尷尬但嘴角微微上揚)」

二、第二階段:探討客戶的「想要」

挖掘客戶的期待,設立核心目標。焦點解決取向教練從客戶的想要、渴望引導展望個人理想的未來,並發展焦點解決的目標。當探討客戶個人的目標時,若不批評且好奇客戶的目標和想法,我們會聽到客戶很有能力、很有建設性的想法。此外,教練也會引導客戶從他人眼光來看他的目標,或是其他人對解決問題的看法,比如安排這場教練的老闆對 Steve 的期待、對團隊溝通

的想法。教練有時要找到客戶目標及公司目標的連結,讓兩者在共同基礎下建構解決方案。

  教練:「Steve,你在這家公司多久了?」
  Steve:「從兒子出生到現在,20 年了。」
  教練:「你剛剛回答時眼中閃著光芒,似乎充滿感情?」
  Steve:「我真的很愛這家公司與這份工作,這是我的第三份工作,老闆很尊重我們,給我們很大的空間。」
  教練:「而你對這份工作的期待是?」
  Steve:「能夠和同仁們一起工作到退休,一起打球到打不動。」
  教練:「聽起來同仁的感情很好,你們都打什麼球?」
  Steve:「哈哈哈!我們自己有支慢速壘球隊,每週練球 1 次,十多年來除非出差或颱風下雨,否則從不間斷。」
  教練:「好有活力、持續力、合作力的團隊,而你和 Ad 的工作關係,對這願景會有什麼影響呢?」
  Steve:「(靜默深思)說真的,老總確實很困擾。撇除公司業績不說,上面的人不合,底下的員工更難做事,他們會無所適從。」
  教練:「邀請你說說對 Ad 的想法。」
  Steve:「Ad 比我晚幾年進公司,一直在業務行銷部門,在公司超過 10 年了,口才真的很好,人面也廣,不像我們技術底的,只會做事。」

教練:「你真不簡單,在溝通不順利的心情與關係下,依然能公正地看清楚一個人的能力與價值。」

Steve:「說真的,公司創立前幾年業績一直不穩定,Ad 來了以後才逐步穩定,能力也真的厲害,只是我們部門常被他隨便承諾客戶搞得雞飛狗跳。」

教練:「聽起來你們也合作十多年了,站在你們老總的立場,會希望兩位如何合作?」

Steve:「老總當然希望我們密切合作啊!最近幾年工廠外移,加上客戶散布全球,有人開疆拓土,也需要有人好好守著大後方。」

教練:「那你對兩人的合作有什麼期待呢?」

Steve:「當然也會想要好好合作呀!但是 Ad 在週會上不只一次當面指責產品部門的錯誤,讓我下不了台。他總是指責其他部門,也不想想自己接了什麼單,唉!」

教練:「聽起來 Ad 在公司雖然八面玲瓏,但在人際上也是有些隱性的挑戰。那你對這次教練的期待是?」

Steve:「目前我負責產品線,期待 Ad 先釐清重要客戶的發展方向、需求與決策。或許我們可以坐下好好談事情,這樣就很厲害了。我們兩個真的是完全不同性格的人,被安排談話的應該是他吧!」

教練:「哈哈哈!我能理解。所以你的目標是跟 Ad 坐下來好好談事情。我們就一起來討論看看,要怎麼朝這目標前進。」

三、第三階段：化目標為行動，邁向解決

　　焦點解決教練取向的工作重點在於幫助客戶從目標建構解決問題的行動方案，適時地在每次教練過程中協商目標、任務，將目標化為具體的行動，以深化客戶的思維與促進行為的改變。有時客戶的目標有些抽象，需要教練協助轉化為具體、能執行、可操作的，重要的是找出客戶的成功經驗、他曾經做到的事，比如以下對話中，Steve 更加意識到，有老總支持，自己講清楚困境，讓 Ad 提問，對於創造合作是重要的開始。焦點解決教練取向看重成功經驗的提取，在這些成功經驗的細節上停留、探索、引出，增加客戶再次「做對的事」的信心與動機。透過奇蹟問句或假設問句，能夠幫助客戶往他想要的結果思考。客戶是自己問題的專家，當有良好目標時也要是客戶想要且做得到的，如此一來，啟動改變與行動就近在咫尺！

　　教練：「要朝向『好好跟他坐下來談事情』這目標的第一要務會是什麼？」
　　Steve：「嗯……，也許是處理和他的關係吧！」
　　教練：「怎麼說？」
　　Steve：「因為即使我想和他討論，如果他不要，那我也沒辦法。」
　　教練：「部門同仁如何看待你們之間的互動？」
　　Steve：「我不是很確定別人如何看待我們的關係，可以

確定的是,幾乎全公司都知道我們不合。」

教練:「除了自身的意願,身邊還有哪些資源可以促使你們的關係改變?」

Steve:「應該是老總,左右手無法對話,他是最最頭痛的吧!」

教練:「在你們十多年的合作經驗中,有什麼對談經驗讓你感到還算滿意?」

Steve:「很少……我想一下……印象最深的一次,是我找 Ad 將前一天兩人有意見的問題好好講清楚,當時,剛好老總在場。聽我清楚地說明工廠技術的難題,還有在時間限制下最大的可能性,Ad 問了幾個關於成本與技術的問題後,竟然說『我知道了』。隔天一早,他就飛到日本,親自向客戶進行說明與提出配套方案,事情兩三下就解決了,客戶也因此省下一大筆錢,三方皆大歡喜。說真的,我還蠻佩服他的行動力。」

教練:「從這個經驗,你覺得兩人能有效對談的關鍵因素是什麼?」

Steve:「因為老總在場啊!這比較難,不可能每次都有這樣的條件。應該是我將難題講得很清楚,還有讓他提問,他好像比較快了解,另外,沒收他的手機,就沒人會中途打斷我們。」

教練:「你的觀察很細膩,你認為這跟你們現在的狀況有什麼不同?」

Steve：「現在他一問問題，我就覺得他是為了反對我的意見，不過，剛剛的談話讓我想到，過去對談時，他也是會問一堆問題，這樣他好像能比較快了解。」

教練：「你知道讓他提問能讓他更快了解，這對你們對談的幫助是什麼？」

Steve：「讓我們可以平靜地對談，至少能聽彼此把話說完，對兩個部門需要合作的事項也可以有共識。」

教練：「如果你們坐下來好好談事情了，會為公司帶來什麼好處？」

Steve：「我想……會增加部門間的合作，帶給同仁正面影響吧！團隊氣氛也會變得輕鬆愉快些吧！不然大家都繃得很緊。」

教練：「聽起來很棒，如果想建立有效的合作關係，需要讓什麼發生？」

Steve：「大家雖然各忙各的，但可以主動找對方溝通，不要有心結或心理障礙。」

教練：「你覺得你的哪些特質能幫助你突破個人心理障礙，願意與對方溝通？」

Steve：「可能是我很有毅力也有彈性吧！」

教練：「你能夠如何運用自己的彈性與毅力來處理溝通障礙？」

Steve：「我心裡可能還是會覺得他太強勢，覺得他認為自己都是對的，看不起我的部門，擔心被當成弱者，所以聽

到他的提問就會覺得他故意反對我,兩人常僵持不下。我想,我只要發揮毅力,繼續和他對話下去,也保留一點彈性,看看到底他要講什麼。」

教練:「這是不錯的方向。如果你是公司的總經理,你期待兩人之間的工作模式是什麼?」

Steve:「兩個人在專案執行期間內能討論、解決問題,並且願意互相合作,不把責任推來推去,能夠照顧客戶提出的需求。」

教練:「這聽起來很棒,你可以如何創造這樣的對話條件呢?」

Steve:「我想先聽聽老總的想法,並在部門間建立一個制度或可行的溝通管道。」

教練:「如果想像在今晚睡覺時,有個奇蹟發生了,你和他的溝通困難都解決了,你會看到什麼地方不一樣了?」

Steve:「沒想過⋯⋯,不過,我想是我們能心平氣和地談重要的公事,他問問題時,我就回答我準備的內容,而不是先發脾氣。」

教練:「你有多願意改善目前的關係呢?如果以 1 到 10 分來表示,1 分是不情願,10 分是非常願意。」

Steve:「意願大約 7 分。」

教練:「哇!怎麼能夠有 7 分的?」

Steve:「其實他也是有才有料的,而且,也得給老總一點面子吧!」

教練:「確實,離滿分還差的那3分是什麼?」

Steve:「不確定他的意願吧!」

教練:「多說一點,如何知道他的意願呢?」

Steve:「去找他呀!從我這開始,比較簡單。」

教練:「很棒的覺察,從比較簡單的地方開始。我記得你之前提到從總經理的角度來看,這是一定要解決的問題。接下來想做什麼來讓這件事情發生?」

Steve:「或許我可以先和老總溝通一下,聽聽建議,然後請老總和他說明我會找他聊一聊,為了公司的整體效益,希望他能打開心房和我談談,然後我會跟他約時間。」

教練:「在何時、何地做這件事情會比較有效?」

Steve:「我可以找他來這裡,一方面換個場地,一方面不會被干擾。」

教練:「你想何時邀請是適合的?」

Steve:「下週一先找老總,下週五前安排和他先在這兒談一下,建立兩人之間的關係。」

教練:「你真的很有行動力!如果還有些擔憂,可能會是什麼呢?」

Steve:「怕到時候我情緒上來,又談不下去。」

教練:「這也很重要,過去遇到類似狀況的時候,你都如何回應?」

Steve:「基本上如果事情很重要,我會在家中先自己對著鏡子練習。」

教練：「那麼我們就來練習吧！我來演你，你演 Ad。」

Steve：「為什麼是我來演 Ad？」

教練：「因為你比我更認識他呀！」

Steve：「好吧！」

教練：「我們開始吧。」

在上述對話中，可以看到教練協助客戶設定「好好坐下來談事情」的目標，教練相信客戶身上有特質可以因應困難，客戶自己找出「毅力」、「彈性」疏通心理障礙，把大目標「好好合作，有效溝通」切小為「回答提問，先不發脾氣」。接著，從總經理的觀點來看，目標為「總經理的左右手能對話」。再者，探詢過去對話成功的經驗，找出例外來，不但賦能客戶，也讓客戶想到其他可以修正或參考的解決方法與行動。

接下來，教練與客戶往下進行角色扮演。

Steve（扮演 Ad）：「Steve 你好，哎……不好意思，有個電話打進來了，等我一下，我先處理一件急事。」

教練（扮演 Steve）：「好，我等你。」

Steve（扮演 Ad）：「（嘆息聲），真是的，事情已經交代得清清楚楚了，還是出狀況。明明講好給客戶的報告要很清楚，這些人還是漏東漏西的。」

教練（扮演 Steve）：「看來，什麼事都要你親自叮嚀才行啊！」

Steve（扮演 Ad）：「是啊！找我有什麼事嗎？」

教練（扮演 Steve）：「我們好久沒私下聊聊了，你最近還好嗎？」

Steve（扮演 Ad）：「忙死了，德國客戶一直搞不定。」

教練（扮演 Steve）：「雖然台面上告訴總經理是為了兩部門能更有效溝通，建立跨部門好榜樣，但私底下，我也想找你聊聊，看你最近都很晚下班。」

Steve（扮演 Ad）：「還好啦！你知道的，我們新產品的進度一直落後，真擔心，不知道有什麼辦法可以加快腳步？我在中國看到他們的員工真是拚啊！為了讓產品完成，可以做到半夜，不懂的地方就一直纏著你問。我在公司的人身上看不到這種精神，有些比我們晚成立的競爭對手，營業額都已經是我們的好幾倍了。」

教練（扮演 Steve）：「哇！你壓力好大。」

Steve（扮演 Ad）：「常常在外面跑，就覺得我們的動力不夠，怎樣才能有那種士氣呢？跟早期人少的時候比起來，現在真是差多了。」

教練（扮演 Steve）：「我也非常懷念以前，可以理解你的心情。」

（角色扮演暫停）

教練：「你覺得剛剛的扮演如何？」

Steve：「從自己的口中說出來，好像可以感受到他那種

焦急的心情。」

教練：「剛剛的練習對你的影響是什麼？」

Steve：「立場不同，角色不同，關注的重點就不同。我好像知道如何聽他講話了。」

教練：「好，再看一次你有多願意處理和他的關係，現在的意願有幾分？」

Steve：「從 7 分到 9 分。」

教練：「這多出來的 2 分來自於哪裡？」

Steve：「我似乎更理解他的心情了，自己也更有信心，對做這件事更加篤定、勢在必行。」

教練：「太好了，今天的教練即將結束，我相信你一定可以做得很好。」

Steve：「謝謝教練，我和他見完面再與你 update。」

教練：「期待下次的見面。」

在這段對話中，教練與客戶透過角色扮演，讓客戶進行模擬練習，以提升客戶的信心，也從對方的立場與角度體會其感受與想法。另一方面，透過評量問句，激發客戶的改變意願，更強化客戶即將邁出的行動。

四、教練對話歷程

從上述例子，我們試著整理對話中的重要元素：

（一）從建立關係開始

盡可能積極傾聽客戶，同理客戶的情緒，幫助客戶辨識出個人的資源與優勢，給予正向回應、讚美與肯定，及時處理客戶因為感受到同理與接納所產生的情緒釋放。

（二）將客戶的渴望與期待轉化為目標

引導客戶展望個人理想的未來，發展焦點解決的目標，創造思維上的轉化。此目標同時為雙方的對談提供了明確方向，不管客戶的問題、困擾、擔憂、恐懼是什麼，只要能夠辨識出真正想要的是什麼，下一階段的構建解決方案就能產生巨大力量，促使轉化。此階段教練關鍵能力在於對客戶的信心、耐心與對沉默的耐受力。

（三）將目標切小，啟動解決

工作重點在與客戶一起找出他看重的事情，引導客戶想像目標達成的情況，透過評量改變動機，提升客戶的信心與看見客戶擁有的能力，對客戶的優勢表達欣賞，可以增強客戶邁進行動的能力感、掌握感。此外，透過關係問句，開啟客戶不同的眼光，從身邊重要他人的觀點來提問，讓客戶超越自己原有的框架與角度。最後，就是與客戶一起找到現在就能做的事，善用資源，也就是在老總的支持下，找到 Ad 坐下來討論。在提問中，客戶明白自己想要發生的情況與現在的不同，這帶來對比的視角，整理出自己能做的，例如：安排較不受干擾的地點、講清楚自己的重

點、讓對方提問等，這些都是有助於坐下來對話的行為，客戶將會知道要從哪一小步開始。

綜合上述，焦點解決教練對談模式為：正向建立信任與合作的關係，並協助客戶願意坦誠面對自己的困境，移動至更高的視野審視問題，同時採取新的行動，坦然面對後果，化危機、焦慮為轉機；在談話過程中賦能客戶，讓客戶找出現在就能做的事情；建構解決問題的行動方案，適時在每次教練過程中建構作業、任務，以深化思維與行為的改變；鞏固客戶的信念、取得承諾，並賦能，且在其採取行動期間給予適切的支持。

在整個焦點解決教練歷程中，教練最大的挑戰是讓客戶看見表面行為背後的期待。以 Steve 的故事為例，表面上問題是「衝突」，但內在的期待是「和解」，幫助客戶開始實踐這些計畫，並在未來的教練中與客戶討論執行計畫的落實程度與成效，逐步優化與深化改變。

Steve 與 Ad 雖然積累了多年的衝突，但在工作現場中，相信多數時候與同事相處之間，都各自在責任範圍內發揮著效能，否則公司不會發展至今。回到初心，看見彼此的努力與付出，或許是個從新（心）出發的好起點！

CHAPTER 5

點燃 Y 世代的熱情、生命力與意願

張協理進入壽險業已有二十多年，對於公司業務十分熟悉，也帶過許多年輕人，但近年來他老是感慨，不知道該如何鼓舞身邊的年輕人。

　　張協理說：「現在的年輕人真難帶！沒有抱負，沒有目標，回想我當初剛進公司時，不但設定目標，下定決心要賺進人生的第一桶金，每年還都超越自己的目標，讓自己保持突破與精進。但是現在的年輕人，只求事少、不加班、下班不要接到 LINE，最好每天都在家上班。我問這些年輕人有什麼願望，他們竟然說希望下班後回家有飯吃，不然叫外送也可以，吃飽後可以玩手遊、線上遊戲……，這就是他們的快樂人生。讓我最頭疼的就是他們對於參與升級培訓的考試也興趣缺缺。我該如何讓這群年輕人找到對工作的熱情呢？如何才能引導出他們對生命與工作的目標啊？」

　　王經理在國內零售業已奮鬥 25 年，他從最基層的工讀生做起，一步步從正式員工、儲備幹部、組長做到店長，不論是採購、行銷、門市管理、營運、面銷或展店都難不倒他。最近，他區裡人員流動很高，有許多新來的年輕人一件工作催了很多次，還是交不出來，一件事教很多遍也仍然聽不懂。以下就是王經理與員工張偉的對話：

　　經理：「說好週一要交給我的報告，怎麼跟上週的內容一樣啊？」

　　張偉：「報告經理，我家裡長輩剛好生病，需要照顧，我也沒辦法。」

經理:「這一支商品很熱銷,你有沒有特別舉辦試吃活動啊?」

　　張偉:「報告經理,這店長大姐很有自己的想法與堅持,要她做試吃,她不肯啊!她認為成本過高,我也拿她他沒轍。」

　　經理:「沒試過怎麼知道!」

一、在世代價值觀差異下,如何找出員工的動力?

　　張協理與王經理共同的煩惱就是說了、教了、催了,但總感覺提不起這些年輕人的幹勁。

　　許多人常戲稱現在新世代是草莓族,很嬌貴!也有人說是水蜜桃族,捏不得!不像上一世代的芭樂族好用又平實,更別說像40、50年代的榴槤族耐摔耐用、吃苦耐勞。多數新世代年輕人在職場上容易給人以下印象:重視個人利益、不重視組織、不願意加班、懶惰、沒禮貌、講話直白、團隊合作性差、自以為是。也有人很欣賞新世代年輕人的優勢與才能,例如:清楚自己的需要、界限清楚、人我關係清楚、不勉強自己、善待自己、容易紓壓放鬆、獨立性強、具體運思力強、很有創意、善於與長輩相處、有信心、學習快。

　　從李坤崇與歐慧敏(2011)所編的工作價值觀量表,可以看到職場上常見的工作價值觀:

1. 工作時上司善體人意。
2. 同事之間相處愉快。
3. 能經常處於人際關係良好的工作情境中。
4. 同事之間不會因為私利相互攻擊。
5. 公司有完善的福利制度。
6. 自己的付出能獲得合理的經濟報酬。
7. 公司的薪資分配合理。
8. 工作時間能充分配合生活作息。
9. 能避免工作競爭中所衍生的各種焦慮。
10. 下班後可以不必經常擔心公司的事情。
11. 工作時不會對未來前途感到徬徨或恐懼。
12. 工作之餘能安排戶外休閒及體能活動。
13. 上下班免於塞車之苦。
14. 能避免過多交際應酬影響身體健康。

在以上 14 項工作價值觀中，主管可以檢視自己價值觀與員工價值觀有哪些不同，以及這些差異在工作中帶來哪些影響。

如果世代間價值觀的落差無可避免，那麼帶領風格與模式就需要針對不同的同仁調整。我們都知道新進員工通常工作意願高，但工作能力低，所以問題較偏屬能力層面；等到熟練工作後，員工的工作能力提高，但工作意願卻不見得能維持高水準；成為資深員工後，工作能力鐵定又更高，但是這時工作意願也不見得高，因此這時顯然是心理層面問題，而不是能力層面的問題

了。簡單地說，對應不同情況、不同員工，主管需要有不同帶領方式。

Whitmore（2002／2010）曾說過一個故事，面對一群建築工人，主管對其中一位員工說：「Fred 去拿梯子來，倉庫裡有 1 把。」Fred 去了但沒看見，他會如何做？他可能會回來說：「那裡沒有梯子。」但如果主管換一種方式問：「我們需要梯子，倉庫有 1 把，誰能去拿？」這時，Fred 若去了發現沒有，就會去別的地方找找。為了自尊，他會找把梯子回來。Whitmore 認為這是個選擇，讓員工有所選擇，他們就能負責。我認為這個選擇就是意願。當我們身邊的年輕員工有意願，讓他們有所選擇時，他們才有動力。

二、善用主管的 3 頂帽子

Whitmore（2002／2010）提出，主管需要有 3 頂帽子：主管帽、導師帽及教練帽。主管帽就是憑藉實權與權力下達指令、指揮員工，員工做得好，主管給予獎賞，員工做錯，要給予糾正或處分；導師帽是指主管像教師對學生傳道、授業、解惑一樣，憑藉個人專業或經驗，教導員工如何做；教練帽是指主管看重員工的能力，相信員工能用自己方式達到績效，並在過程中給予獎勵、鼓勵及加以引導。這三頂帽子，如果只有主管帽，時間久了，容易讓人過於威權，很難帶人帶心，但能迅速下達指令，有獎有罰；如果只有導師帽，什麼事都得一一教導，員工容易聽一

做一，難以主動或舉一反三，更無法培養員工個人創意的解決思維，主管疲於提供解法，幫忙尋找資源等，好處是手把手地帶領，員工總是佩服主管的解決能力，缺點是主管成了收拾爛攤或救火的角色，無法做自己真正該做的事；只有教練帽，就事事都要引導，非常花時間，遇到重要且緊急的事，無法高效處理，這是最大的缺點，好處是主管與員工相互信任且共同合作，員工的信心與能力更能提升。

這個概念可與英國某項研究結果比對著看，這研究以 3 種方式提供訓練，第一種單純告知，3 週後回憶，受試者可記得 70%，3 個月後回憶剩下 10%；若採取第二種方式──告知加上示範，3 週後可記得 72%，3 個月後可記得 32%；若採取第三種方式──告知、示範與體驗，3 週後可記得 85%，3 個月後可記得 65%。告知就像是主管帽，提供指令；導師帽，傳道、授業、解惑，提供手把手教學，如同告知與示範；教練帽則需要受試者有所體驗，給予鼓勵與信心。

綜合使用 3 頂帽子會更加完善：用主管帽透過威權與指令來提供員工規則、任務，釐清個人職責，用導師帽來教導員工工作所需技巧與程序，用教練帽鼓勵員工突破瓶頸，克服困難，以提升自信。主管角色強調紀律，在公司規定下，制定目標值與績效指標，訂下中長程計畫；導師角色強調教導，把正確的技巧、經驗與做法傳授給員工；教練角色強調引導，找出員工的優勢與能力，既能安撫員工又能提升其動機與信心。

只有 1 頂帽子是不夠的，身為主管需要審視員工能力、心理

狀態與意願，戴上不同帽子來領導。新進員工往往有很高的工作熱情與意願，只是專業能力較低、不純熟，資深員工或許工作能力高，但工作動機、意願卻降低了。除了年資因素外，有些員工雖是新進、年輕，卻容易挑戰主管，比如他們會認為「為什麼一定要照你的方式，我覺得我的方法也很好啊！」因此對於新進員工用導師帽不見得就適合。事情重大、緊急與否當然也會影響主管使用什麼帽子來進行領導與互動。

領導方式雖因員工情況、事情情況而有所不同，但同樣都是為了團隊與組織績效。當前諸多企業除了講求關鍵績效指標（key performance indicators，KPI），更重視「目標與關鍵結果」（objectives and key results，OKR）的管理方法。1970年代初，英特爾公司（Intel）的安迪・葛洛夫（Andy Grove）提出 OKR 概念，目的是幫助組織和個人制定明確、具體和可衡量的目標，在 OKR 的框架中，會規定一段明確的時間，以及要達成什麼目標，這些目標也都是可衡量、定量的，而關鍵結果就是衡量目標實現程度的指標，並能透過指標制定出達成的具體行動和里程碑，在不考慮環境因素或其他影響因素下，只要關鍵結果被達成，目標基本上就會被實現。

OKR 和 KPI 都是常用的目標管理框架，但它們的使用方法和目的不同。OKR 強調明確的目標和與之相關的關鍵結果，而 KPI 強調衡量業績和績效的指標（楊詠文，2023）。明確團隊的 OKR 目標，以及協作部門的 OKR 目標是否一致，顯得格外重要，從企業、團隊到個人，每個人都需要有明確的績效目標，工

作時才能有所本，也可運用 OKR 管理工具。OKR 管理目標的 7 項關鍵原則：明確性、可衡量性、可實現性、可挑戰性、企業策略的相關性、個人目標關聯性、建立透明度等。這非常符合焦點解決取向中設立良好目標的條件，找到組織與員工個人想要的目標，才能讓員工踏上行動的道路。 要點燃年輕世代的工作熱情，需要協助他們找到個人目標，才能提升前進的動力與意願。O'Moore（2022）對於績效提出簡要的 PEAK 模式，可以作為績效的基礎：目的（purpose）、參與（engagement）、能力（ability）和專業知識（know-how）。

三、提升動機，需要找到對方個人目標

澄清目標與設定目標是教練工作的核心部分，它是帶給工作未來及焦點定位的核心工具，目標必須是正向的，SMART 原則（Smith，2012）包括：

1. 特定目標（specific），而不是模糊的。

2. 可測量的（measurable），就是客戶（案主）能清楚表示自己將何時實踐目標，具有自己將預見未來的感覺。

3. 可實踐的（attainable），目標要能通過考驗，既非不切實際，也不是不容易取得，亦即不需個人成長和發展即可達成。

4. 資源充實的（resourced），裝備所需的技能、時間、能量，以及可取得協助與支持的充分技能或能力。

5. 有時限的計畫（time bound），設定實現的時間。要將目標化為行動時，我們時常會問對方「何時可開始第一小步？」但

也有許多客戶裹足不前,對於這樣問句無法回應,此時,可以透過另一提問:「你認為你最慢在何時需要開始行動?」

四、語言匹配是與年輕員工互動的祕訣

與年輕員工互動,焦點解決教練取向重視語言的匹配,尤其青少年常有其次文化,使用網路或其世代常用的語言,使用其關鍵字,除了能增加連結之外,也代表能理解其主觀知覺,但若不了解時下流行用語的意思,就需要澄清定義,避免裝懂,而喪失理解不同世代用字遣詞的含義。對於年輕世代的同仁,不要過於指導,不要否認對方的感受,不要立即推翻對方,不要一開始就建議,不要只顧著解釋自己、說明自己的立場,不要說教,不要長篇大論。平常簡短聊天,尤其是聊興趣、嗜好,能讓我們更快認識一個人的優勢與能力,或問員工想不想聽聽你的意見等。用引導探問取代指導、管教,當員工的做法不如自己預期、甚至變差時,可以先理解他有他的理由來作為開場,避免立刻指責,而使員工形成心理防衛。邀請員工說出想法、理由及評估,這可以讓我們更了解員工的解決能力。

以下舉個教練與客戶對話的例子。

經理:「我今天有工作想要跟你討論。上次提醒你繳交週報,但是你遲交了,我想你可能有你的情況,你能不能說明一下?」

阿國:「我爸爸最近生病了,我需要去照顧他,所以比

較晚交。」

經理:「原來是這樣,想必你家庭、工作兩邊忙,情況還好嗎?有需要公司幫忙的嗎?」

阿國:「還可以,我爸是老毛病了,已經拖一陣子,現在由家人輪流照顧。」

經理:「謝謝你還是把週報交出來了。我知道你很掛心爸爸,還要擔心工作,辛苦了。這次週報還是跟上一週一樣,上次希望你們能調整產品,這部分似乎沒有進展,有什麼困難嗎?」

阿國:「這個客戶比較強勢一點。經理你也知道,對於我們的規定,她都有意見!這次,客戶很堅持,我打算先照她的想法試試,如果不行,我再請她調整,時間和成本我會抓在容許的範圍內。」

經理:「聽起來這客戶意見也得兼顧,我聽到你有在掌握進度與成本,你想最慢要試到什麼時候,就得再評估要不要改變商品結構?」

阿國:「我剛接這家店,一切還在摸索,這位客戶也強勢,我想下個月再評估。到時,商品結構如果還達不到目標數值,我就會向經理報告。」

經理:「辛苦你了,你很積極跟客戶合作,也有在評估時間,我聽了很放心。那麼我們 3 週之後約個時間再討論一下吧!」

下次續談時，經理可以從進展開始問阿國，可以引導且聚焦在讓員工談論進步與改變，例如：
- 哪些事情有進展了？（what's better？）
- 這段時間，什麼時候進行得順利一點？（when）
- 什麼時候沒有造成問題？（when）
- 現在有什麼可以幫助你？（what）
- 現在誰是幫助你的最佳人選？你需要什麼幫助？（who）
- 你覺得你的哪些能力目前最有用？（which）
- 你以前如何設法解決類似的問題？（how）
- 我可以怎麼幫你？（how）
- 假設這件事不再是問題了，你會發現有什麼不一樣？（what）

當團隊內發生爭議或糾紛時，有必要聽取團隊成員的想法，焦點解決教練取向的「發展共識未來的預測性談話」對團隊很有幫助。Macdonald（2022）提出，教練可邀請企業內不同部門發生對立或衝突的員工一起坐下來，輪流回答以下問題：
- 當一切情況好轉／變更順利，1年後的你會是什麼樣子？
- 為了使一切情況好轉，已經完成哪些事情？
- 可以達到這個情況，誰給了幫助？
- 他們做了什麼？
- 1年前的你曾擔心什麼，什麼減輕了你的擔心？

讓在場的大家擬出暫定計畫，進行大致的討論，這有助於修補不同部門的意見。尋求整體的關係與共同利益，也可以問下列問題：

- 如果你什麼都不做，會有什麼結果？
- 你能做什麼事情來提供幫助？
- 如果你這樣做，會發生什麼？

引導客戶或員工想像什麼都不做的後果，幫助他們推測未來的可能，這能鼓動他們往前進展或做出改變。

五、重新建構：轉換不同角度

Watzlawick、Weakland 與 Fisch（1974／2005）指出，問題與行動方案的惡性循環有 3 種：行動不足、行動過度、行動層次有誤。第二序改變就是在當事人（客戶）一再重複的邏輯之外，打開新的邏輯思維，以尋求解決方法。他們舉了 1 個有趣的例子，如圖 5-1 的 9 個點活動，請各位讀者以筆不離紙的方式，在 4 條直線之內將 9 個點相連起來，即是成功完成任務。

問題

● ● ●
● ● ●
● ● ●

圖 5-1　9 個點活動

一般人第一次解題，容易將解決方法落入 9 個點形成的正方形之內，也就是用第一序變化一一試過，仍會有 1 個點無法連起，這如同我們在解決問題時，容易因個人先入為主的假設、自我設限而不得其解，這就是所謂的第一序改變路徑，容易重蹈覆轍或形成惡性循環（林烝增，2021）。第二序改變則是拓展視野，擴充系統與範圍，不畫地自限，解決之道就是檢視我們對這些黑點的假設，而不是黑點本身。第二序改變比第一序改變更高一個邏輯層次，如圖 5-2 所示。

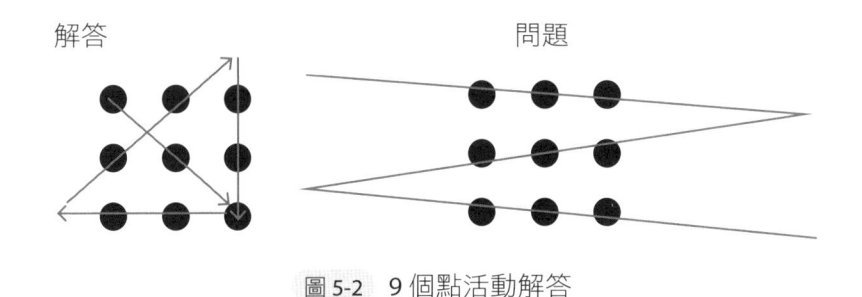

圖 5-2　9 個點活動解答

　　De Shazer、Dolan（2007）及 Murphy（2008）指出，焦點解決短期取向重視語言對當事人改變的影響，乃深受 Milton Erickson 擅長運用語言對當事人暗示效力的治療實務經驗所啟發。焦點解決教練以 SBFT 為理論基礎，重視在對話之中重建客戶的意義，並且產生改變。運用於主管與員工的對話或教練對話中，是為了協助員工（客戶）在對話中重建個人意義並促進改變的工具。

維特根斯坦（Wittgenstein，1953）認為語言使用在先、理解在後，在使用語言之後，想法才能被建立。維特根斯坦認為語言的使用，不能脫離人們日常生活的脈絡。焦點解決諮商取向透過語言，了解當事人的問題與情緒的生活脈絡，以引發他的第二序改變。

六、提升動機，創造改變

沒有動機往高階發展，對工作沒抱持熱情，是許多企業面臨人才品質的挑戰。要激發下屬的工作熱情與動機，需要領導者仔細傾聽他們的在意之處，當人有需求，動機會油然而起，才有機會談到目標與行動。員工會投入工作，是因為相信他們做的事情重要且有價值，而會覺得自己努力在做一件有意義的事，也會對自己的努力結果感到自豪。

焦點解決教練看重客戶對於什麼感到有興趣、有意義，因此需要有更多的開放式探問，提問需要擴展，例如：客戶看好自己哪些能力？其他人看好他的什麼地方？曾被稱許過的優點？引以為傲的成就？沒有預設答案與假設的問話方式即是拓展，當發掘到重要且有力量之處，如同鑿光挖礦一般就要停留且聚焦，在這裡仔細檢視有幫助的細節，喚起客戶原本就會、就在意的事。

在焦點解決教練取向談話中，要讓解決能夠成長，需要「擴展」與「縮小」（Zatloukal、Tkadlcikova，2020），當很窄時就拓展，當太寬廣時就縮小，擴展與縮小在談話過程中轉換，因為

我們並不知道微小改變會發生在哪裡，但在會談之間拼圖出個案的小改變、小進展，是非常重要的。若要簡單地說焦點解決取向的實務操作，就是要在擴展與縮小之間來回移動。也就是在聽懂客戶的問題之後，就要轉向移動、擴展到讓客戶談期待，期待通常很發散、很寬廣，教練就要開始縮小，聚焦好目標後，要擴散地探詢過去的例外經驗與現在的因應作法，聽取後對於成功、有效之處，就停留縮小於該經驗上問細節，找出這些有效之處，擴展到現在的問題上，再聚焦於下一步能從哪裡開始，所以焦點解決取向談話會在擴展與縮小之間來來回回。

在拓展與聚焦中來回對話，找出客戶的動機，並將其放大且提升，透過焦點解決的耳朵聽出客戶在意之處，也透過焦點解決的正向眼光，將動機點燃，帶出各種可能性！

CHAPTER 6

以 SOLUTION 模式迎接疫情後企業領導者的挑戰

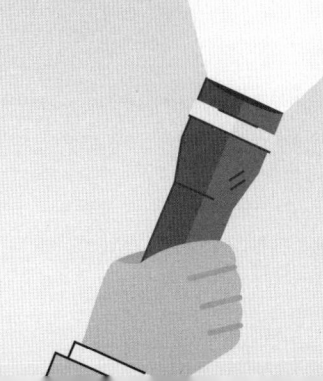

在疫情時代，領導者需要面對各種挑戰，關注風險管理、危機應對、溝通、不確定性管理、遠程工作和團隊合作、人力和財務管理等方面的挑戰。因此領導者須具備靈活性和創新思維，以應對不斷變化的環境，且能有效因應疫情帶來的挑戰，保持企業組織的穩定和發展。而目前，團隊遇到最棘手、嚴峻的問題卻是迫切且標準更高的「領導者的培育」。

在 Patrick 的公司，經營團隊提出了以下的挑戰，希望在教練會談中能找到一些契機：

1. **應對危機**：疫情爆發對全球經濟和社會產生了巨大影響，管理團隊必須制定應對策略，包括如何保護員工和客戶的健康和安全、如何處理緊急情況、如何維護業務運作。

2. **保持溝通**：疫情爆發後，組織開始實行遠距工作和社交距離，這給領導者帶來一些新的溝通挑戰。領導者需要尋找新方式來保持與員工、客戶和供應商的溝通，確保所有人都能夠獲取最新信息。

3. **管理不確定性**：疫情爆發對全球經濟和社會造成了巨大的不確定性，這使得領導者必須面對許多不確定的因素。領導者需要應對不確定性，制定靈活的計畫，以因應各種可能性和情況。

4. **培養團隊凝聚力**：疫情爆發後，員工和團隊的凝聚力變得更加重要。領導者需要創造一個安全和穩定的工作環境，並幫助員工保持積極的心態，以保持生產力和動力。

5. **投資未來**：雖然疫情帶來了許多挑戰，但同時也創造了許多新機會。領導者必須投資未來，尋找新的業務機會，並開發新

的產品和服務,以滿足不斷變化的市場需求。

6. **創新和適應力**:疫情帶來了新挑戰,領導者必須具備創新和適應能力,以應對不斷變化的環境;需要發掘新的商機和創新解決方案,以應對疫情帶來的挑戰。

7. **不確定性和風險管理**:疫情帶來了不確定性和風險,領導者必須面對複雜的決策和管理挑戰,需要採取積極的應對措施,並在不確定的環境下及時做出決策。

8. **人力和財務管理**:疫情可能對企業的人力和財務狀況造成影響,領導者必須採取有效的人力和財務管理措施,以確保企業的生存和發展。

一、疫情後領導者面臨的挑戰與所需能力

領導者養成是多元的,許多研究學者提出了各種理論和學派,例如:

1. **領導特質論**:John C. Maxwell 在《領袖 21 特質:成為別人想追隨的人》(*The 21 Indispensable Qualities of a Leader*)一書中,將領導特質區分為 21 項。這種理論認為,領導力是一種特質,這些特質包括自信、決斷力、能力、熱情和決心。領導者可透過發展這些特質提高領導力。在領袖培養過程中,有一部分是學會領導力的原理,也就是領導力能夠展開的基礎工具。但若想成為一個有效因應多變市場的領導者,那麼內在品格就更為重要了,領導者必須由內而外培養出各項特質。

2. **行為理論者**：認為領導是一種行為，領導力可透過學習和練習特定行為來提升，這些行為包括指示性、支持性、參與性和成就導向等。

3. **情境理論**：認為領導力取決於領導者與組織的情境。領導者需要適應組織的環境，並採取相應行為來達到領導目標。

4. **路徑–目標理論**：認為領導者的目標是為員工提供明確的目標和方向，並提供必要的資源和支持，來實現這些目標。領導者需要根據員工的需求和能力，來制定適當的路徑和目標。

5. **變革理論**：認為領導者需要在組織中創造變革，以應對外部環境的變化，此時領導者需要有一個清晰的願景和計畫，並能夠激發員工的熱情和參與，以實現組織的變革。

這些理論和學派提供了不同的觀點和方法，來理解和發展組織領導者的養成。領導者可根據組織的需求和自己的優勢，來選擇適合的理論和方法，並整合個人需求，不斷優化、學習和實踐，以提高自己的領導力。

二、簡易實務模式：焦點解決教練取向的 SOLUTION 模式

Patrick 公司領導團隊也因疫情發生分崩離析的窘境，組織氛圍處於緊張、一觸即發的緊張態勢。

在整體教練氛圍緊繃或客戶情緒高張時，教練會先嘗試不觸

及問題的會談。此時,比起談論他們眼前的困境,不如探討更多值得被看到的事情。教練需要試著放慢節奏,給客戶一些時間說說他們的現況與興趣,而不是一直挖掘他們遇到的問題(O'Connell 等人,2003)。

這種對話通常較能發現對教練會談有幫助的資訊,例如:當下如何與這位客戶共事?哪些案例或比喻較能觸動客戶、引起共鳴?探索可幫助客戶建構解決方案有關的優勢、能力及價值觀的資源,同時能讓會談變得有力、開放,將客戶的資源與策略導向討論的核心,讓教練與客戶有一個好的開始。讓我們透過 Patrick 公司的情況,一起來找找 SOLUTION 吧!

Patrick 含糊地說著他的廣東腔英語,兩手交握坐在高樓的玻璃帷幕前,背後陽光燦爛讓他的表情更顯暗淡與模糊。這是他與焦點解決教練的一段對話:

Patrick:「教練你是來勸我自行離職的,是嗎?」

教練:「為何會這樣開場,最近怎麼了?」

Patrick:「我似乎錯估形勢了,疫情升溫,加上香港學運動盪,廣東廠的貨交不了,不但如此,訂單利潤連支付額外增加的運輸成本都不夠。」

教練:「怎麼說?」

Patrick:「我認為這問題一時應該平息不了!」

教練:「對此,你有什麼想法或策略呢?」

Patrick:「好問題,我們來找些 SOLUTION 吧!」

O'Connell、 Williams 與 Palmer（2011）將焦點解決諮商取向的精神運用於教練工作，他們提出精要、簡單的模式 SOLUTION 模式，作為焦點解決教練取向教練在進行教練輔導時的結構與元素基礎。此模式包含以下 8 元素，如圖 6-1 所示：

1. S（share updates）：分享現況與進展。
2. O（observe interests）：觀察興趣與關注點。
3. L（listen to hopes and goals）：傾聽希望與目標。
4. U（understand exceptions）：找到例外或成功經驗。
5. T（tap potential）：挖掘潛力。
6. I（imagine success）：描繪成功願景。
7. O（own outcomes）：讓客戶掌握其所做到的成果。
8. N（note contributions）：讓客戶看到其所投入的努力。

教練在第一段對話，運用了前三個元素：S（分享現況與進展）、O（觀察興趣與關注點）、L（傾聽希望與目標）。

焦點解決教練取向相信：客戶是自己問題的解決專家。雖然 Patrick 開場時充滿負面情緒張力，然而對教練來說，客戶有多不滿，就有多渴望成功翻轉，這是個非常有力量的訊息。

教練：「過去在工作上，Patrick 遇過最艱難的時刻是什麼呢？」

Patrick：「應該是 1997 年香港回歸時，當時大家怕死了，我們這些大學剛畢業、沒錢沒背景的窮小子，哪裡也去

```
            1. share updates
                    ↓
8. note contributions    2. observe interests
        ↑                       ↓
7. own outcomes          3. listen to hopes and goals
        ↑                       ↓
6. imagine success       4. understand exceptions
            ↑               ↓
              5. tap potential
```

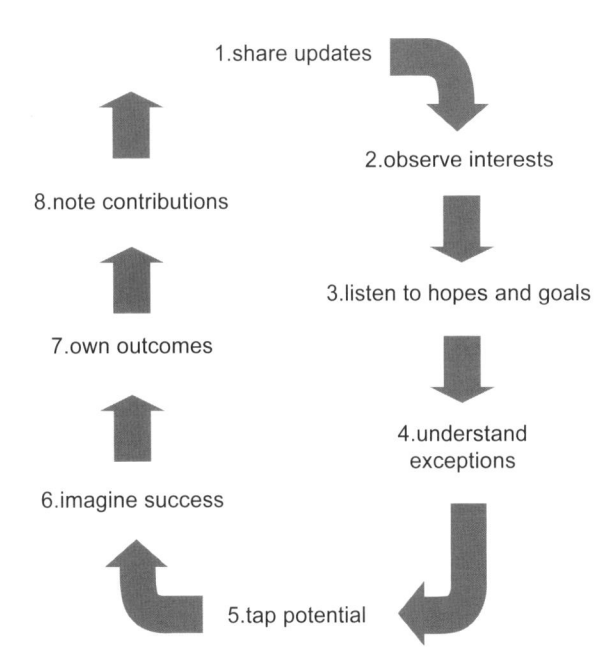

圖6-1　SOLUTION 焦點解決教練取向模式

引自 O'Concell, B., Palmer, S. & Willams, H.(2012). *Solution foused coaching in practice*. Routledge. p.20

不了！反而因為那些菁英、有錢人都走了，我才能進入這公司走到現在，也真是撿到條大鹹魚。年輕用命搏，貨出不了，幾個年輕人就坐火車到深圳，租了車自己搬。」

教練：「聽起來真是熱血！那你怎麼看現在？」

Patrick：「以前沒資源只能死命幹，現在看起來滿手資源，卻左卡右卡，更諷刺的是，以前這幾個一起去搬貨的年輕小伙子，現在變成老幹部來為難我。」

教練：「怎麼說？」

Patrick：「這群老幹部常說『我們是一起出生入死的兄弟，所以我才冒著被你討厭的危險告訴你』。沒採納他們的意見，就開始對我冷嘲熱諷、採不合作處理，我實在裡外不是人。」

教練：「你怎麼看這狀況？」

Patrick：「團隊接班人都還沒成氣候，也只能靠我們這些老骨頭撐著！」

教練：「所以你打算從哪裡開始？」

Patrick：「和老團隊大幹一場，然後交棒！」

教練：「『交棒』指的是什麼？」

Patrick：「至少我能退居幕後，不再是負責人。」

教練：「什麼狀況下，你認為可以交棒了？」

　　教練在第二段對話，運用焦點解決教練取向中的例外問句，為客戶找到過去艱難時刻的成功經驗，幫助客戶突破思維，拉起落到谷底的情緒，看見機會與資源。以上對話中，教練運用的 3 個元素是：U（找到例外成功經驗）、T（挖掘潛力）、I（描繪成功願景）。

教練：「現在情況是怎樣呢？」

Patrick：「目前最重要的部門是工廠製程、財務、業務，其中財務有幾位工作十多年的主管分擔著，最為穩定，狀況最多的是製程，而最有隱憂的卻是業務部，老客戶需要

新產品與服務支持他們拓展,但是業務部平均年齡太高,根本沒什麼想像力,甚至客戶的產品都不會用,真不知道怎麼跟客戶一起向前衝。」

教練:「對於這些狀況,你做了哪些,成果如何?」

Patrick:「去年業務部網羅了一些有經驗的中生代和兩三個年輕人,加上這一年來的疫情,雖然無法去拜訪客戶,但和客戶反而更熟悉了。年輕人對媒體、視訊的應用真是厲害,在網路上似乎比面對面更能自在對談,和客戶開會或舉辦一些線上午餐會、線上聖誕 party,效果似乎挺好的,省錢又省時!」

教練:「還有嗎?」

Patrick:「工廠製程變數就大了,很難掌控。封城、停工樣樣來,只能看政府臉色,所以我到台灣坐鎮了,看能不能在出貨上減少些損失。無論如何,就算賠本,貨也要出!畢竟疫情一時,公司一世呀!」

教練:「聽起來在工作上你已經有些策略了,你希望接下來往哪個方向談,最能支持到你?」

Patrick:「談談接班人吧!各部門自行訓練是專業些,但實在訓練不出全盤熟知、有格局的接班人。以前我們是不得已全部要做,現在分工越來越細,加上大家都不願承擔犯錯的風險,在組織內產出接班人真的很難。找人空降也只是暫時的,畢竟文化不同。」

教練:「接下來,你有什麼想法呢?」

Patrick：「或許先讓各部門推出人選，規劃上就像研究所那樣，分為共同基礎科目與專業科目。至於怎麼做，我還要再想想。話說教練你不是在教跟練嗎？你也來幫我們加把勁吧！」

　　教練：「當然好呀！但是公司接班人訓練的目標與時程要先訂出來，教練再來投入。畢竟你們都是股東，是投入真金實錢的，肯定比我更了解公司的需要。」

　　Patrick：「你說的真是沒錯，看著錢在燒，真讓人痛心呀！但還是要吃飯，我們飲茶去吧！」

　　教練：「教練到此，你怎麼看開始教練前的自己？」

　　Patrick：「我覺得自己到底在煩些什麼呢！很多事要做，真的沒時間關注自己，現在也只能回頭把之前忽略的一一補上。」

　　教練：「期待下一次教練時聽到你的分享！」

　　在第三段對談中，教練圍繞在已經做了什麼、有哪些成果、可以再怎麼調整，並把責任帶回到客戶自身，燃起他的驅動力。因此在以上對話中，教練來回運用的 2 個元素是：O（讓客戶掌握其所做到的成果）、N（讓客戶看到其所投入的努力）。

　　經過這一年，Patrick 變得能更有信心且堅定地處理緊急事件，尤其接班人訓練模式的建構也日趨完善。雖然對他來說仍稍嫌緩不濟急，但至少現在公司新生代開始看見機會，並願意發聲，能夠認真為團隊變革提出意見與付出。

在這個過程中，教練與 Patrick 共同整理出成功應用 SOLUTION 模式的 3 個訣竅：

1. 將大目標切分成可執行的小目標，逐一實踐，以降低焦慮與擔憂。
2. 運用評量方法來衡量自己的進度，並逐步前進。
3. 訓練客戶善用自己的資源與想像力，來驅動自己前進。

將潛在或現有領導者培養成接替現任領導者的人才，對於多數組織都是重要的工作。要培養出優秀的接班人，以下面向是值得關注的焦點：

1. **知識和技能**：接班人需要具備足夠的知識和技能，以應對日常工作和領導職責。培訓計畫應該包括相關的專業技能培訓、研討和實作，以幫助接班人學習必要的知識和技能。

2. **領導能力**：接班人需要具備領導力，以應對不同的挑戰和情境。培訓計畫應該包括領導技能和策略的內容，以幫助接班人發展有效的領導風格和策略。

3. **經驗和實踐**：接班人需要實踐領導技能和策略，以建立自信和增強經驗。培訓計畫應該提供實踐機會和回饋機制，以幫助接班人實踐和改進自己的領導力。

4. **情商和溝通能力**：接班人需要具備情商和溝通能力，以建立良好的人際關係和有效地解決問題。

5. **個人、組織價值觀的對接與深化**：接班人需要具備良好的價值觀和道德觀念，以保持良好的領導。

6. 領導風範和組織文化：培訓計畫應該提供倫理和價值觀的培養，以幫助接班人建立正確的價值觀和道德觀念。

基礎接班人訓練需要關注知識、技能、領導力、情商、溝通能力和基本價值觀等多個面向，以幫助接班人成為優秀的領導者，在達成組織整體的目標下，展現團隊與個人的價值與效益。

焦點解決教練幫助接班人聚焦於目標，找到解決問題的方向。教練可以透過提問等方式，幫助接班人分析現有情況，制定可行的目標計畫。透過問題解決的方式，幫助接班人找到最佳方案。聚焦解決方案可幫助接班人了解自身的優勢和劣勢，找到最適合自己的解決方案，激發潛力，更快速地成長。教練可透過鼓勵和肯定的方式，幫助接班人發現自己的優勢，並指出需要改進的地方，讓接班人在學習中不斷成長。

焦點解決教練取向可幫助企業接班人更妥善地應對轉型期挑戰，找到解決問題的方法，從而加速成長。

CHAPTER 7

動盪時代的領導者鍛鍊
——變革管理教練

AI 的發展是來取代人類工作？還是另有新意？在這個快速變化的大環境，領導者如何自處？變革永遠跟不上大環境的改變，領導者因應變革的品質，將是個重要的議題，亦是關鍵！

以下是一個關於高獲利、前景看好的公司即將被併購的故事。大家可能會好奇：具有未來性產品影響力的公司，為何會被併購？在投資者的思維中，併購是要讓資源效益極大化的整體策略性思考，若等遇到經營瓶頸才進行併購，基本上為時已晚。猶如組織思考未來發展般，併購、部門拆分、重組等，都只是資本家的經營手段之一。在市場變化和技術進步迅速的時代，公司需要不斷調整和改進業務模式，以保持競爭優勢和生存能力，透過收購競爭對手，來擴大其市場份額和影響力，或收購技術領先的公司，來獲得技術和產品的更新、取得規模優勢，從而降低生產成本和獲得更好的控制權，達到地理版圖的擴張等策略，以確保在產業界中的優勢。

專業經理人 Lee 在整併過程中，領導團隊努力積極拼搏。身為業務行銷部門主管，Lee 面臨著多重利益關係人的權力鬥爭、拉扯與衝突，最終成功保全了團隊，讓團隊走出裁員陰霾，並順利實現跨組織、跨部門的創新與重組，足以成為領導者在動盪時期變革管理上的典範。

然而公司即將被併購時，Lee 發現自己身處非常棘手的局面。他得知消息時，雙方高層已擬定裁員計畫，這對組織的員工和業務產生重大影響。同時，整個公司正在經歷劇烈變革，更加劇了人員和資源分配的緊張。

在這種情況下，Lee 採取果斷的行動，以保護團隊員工和部門的利益。首先，他迅速找了 2 位信任的教練展開對談，試著帶著共贏思維和公司高層進行多次對談，尋找各種解決方案，站在未來組織最大效益的前提下，分析成本與利弊得失。他也與其他部門的同事合作，共同探討如何在組織變革狀態下，維持業務運轉的穩定性。針對員工，Lee 除了積極進行溝通，讓團隊清楚整個發展局勢與整併時程，也鼓勵大家繼續做好自己的工作。Lee 協助有意轉調部門或退休的員工獲得必要的培訓和資源，以確保他們在整併過程中保有競爭力。

　　公司被併購是一個不穩定的時期，因為員工可能會面臨未知的變化和挑戰。在這種情況下，領導者的角色非常重要，必須有效扮演穩定和支持的角色，並帶領團隊走過這個困難時期。在確認對談整體目標後，Lee 的行動展現了以下幾個重點，並尋求有效協助（包括教練、財務、法律等顧問）：

1. **透明溝通**：當公司被併購時，人員削減和整併是不可避免的。Lee 保持開放和透明的溝通，告訴團隊關於被併購的細節和可能的影響，確保他們知道公司目前的狀況，並有機會提出問題和疑慮。

2. **建立信任和支持**：團隊成員需要感到主管和領導者在這個過程中對他們的支持和關心。Lee 進行一對一會議，傾聽團隊成員的顧慮和建議，並提供積極的回應和支持，讓員工知道他們的聲音被聽到和重視。

3. **創造支持與鼓勵的氛圍**：藉由支持和鼓勵，Lee 創造了一

個讓員工感到安心和穩定的氛圍，比如提供培訓和諮詢，以幫助員工適應變化。

4. **維持績效穩定**：Lee 確保團隊繼續達到穩定的績效，並尋找機會超越原有的績效，幫助團隊保持積極的態度和信心。

5. **建立積極的文化**：在這個時候，主管教練和領導者需要透過積極的態度和行動，來影響整個團隊的文化，比如在公司被併購的過程中舉辦一些團隊凝聚、團隊打造等活動，以增進團隊向心力和積極性，可鼓勵員工互相支持和祝福彼此。

一、Lee 與教練的對話歷程

Lee 透過熟識好友，找到具有組織變革領導、併購相關實務經驗的企業教練。他與教練都明白，這次任務攸關團隊夥伴與組織發展，充滿不確定性與變數，雙方都力求客觀，甚至 Lee 決定自行負擔全部的教練對談費用，並刻意約在第三方場域進行第一次對談，以盡量避免外力干擾或影響。

讓我們來看這段對話。首先，教練提出了第一個好奇。

教練：「Lee，你遇到的問題或挑戰是什麼呢？」

Lee：「我是業務行銷部門主管，目前公司面臨被併購、改組重整，而且多重利益關係人的權力鬥爭、拉扯與衝突，都漸漸浮上檯面。」

教練：「對於這種狀況，你有什麼想法？」

Lee：「我大可一走了之，但慘的是，我在這裡工作的 3 年，找來了許多好友與以往一起努力過的同事，去或留已經不是我一個人的事了。」

教練：「聽起來你覺得自己對部門的員工們負有責任，是嗎？」

Lee：「是呀！」

教練：「你希望整個事件如何發展？」

Lee：「我是個專業經理人，當然希望達到公司藉此進行組織變革的目標。」

教練：「組織變革的目標是什麼呢？」

Lee：「變革管理吧！市場上，不變的元素應該少之又少，變是恆久不變的因應法則。成功的領導者幾乎都有一個共同特徵，能夠有效管理變局，並從中受益。身處變革和創新前沿的個人、社群、國家和企業幾乎都是領頭羊，故步自封會給組織帶來危險，為了生存和繁榮發展，組織必須採取能體現能力的策略，從而應對當今愈加快速發展變化的環境，同時牢牢掌控組織及核心競爭力。唉！」

教練：「你嘆的這口氣可真不小啊！想到了什麼呢？」

Lee：「這些變革策略的設計、評估和實施主要取決於管理團隊的素質。管理與變革環環相扣，如果不先確定變革的目的、要採取的路線，以及變革過程中的團隊，變革之旅就沒辦法開啟。」

教練：「我非常肯定你對自身角色清楚的剖析。你希望

變革管理的最終目的是什麼呢？」

Lee：「最終目的是應對變革中的種種複雜問題，切實發揮變革的作用、價值，並最終確保變革的意義，這是領導者可以在團隊中發展和推進的關鍵能力。」

教練：「邀請 Lee 思考一下，在之前待過的組織中，你也曾面對需要改變的時候嗎？你有過可以兼顧員工與組織發展的成功經驗嗎？」

Lee：「二十多年來，我跟著前兩位老闆經歷過的併購多到數不清，只是這次角色、責任不一樣，或許我可以找退休的老闆、戰友聊聊。」

教練：「你想和他們聊什麼？」

Lee：「一起聊聊做過的蠢事、有過的成功經驗，看看有沒有能用在這次變革上的。」

在教練對話中，一開始與多數取向一樣，要給客戶機會去描述問題。通常主管能夠談話的時間與次數都不多，精準地將客戶的問題轉換為目標，對焦點解決教練取向對話而言十分關鍵。要聽取客戶對團隊看重的責任，以及體認組織變革的必要，釐清客戶所重視的人事物與理念，再透過簡述語意來表達對客戶困境的理解，並且透過提問引導話題，讓客戶能聚焦在想要的目標與改變。總之，教練要與客戶一起找到清楚的目標，下一步就能往下挖掘成功經驗。組織過去一定有面對挑戰與變革的時刻，讓客戶回想自己正向推動團隊的經驗。

教練：「以前你曾經有過哪些成功管理變革的例子或經驗呢？」

Lee：「在變革過程中要得到有效管理，更多時候是要讓改變創造的機會多於它帶來的問題。因為問題可能更多地涉及管理上的困難，比如調整流程、重新協調公司目標，要成功管理變革，需要為主管們培養關鍵的能力，特別是要倡導在團隊中工作的態度。」

教練：「你認為有哪些能力特別關鍵呢？」

Lee：「我列了幾個，包括可以與團隊內部以及與其他部門溝通的技巧、保持動力並領導所有參與者的能力、設計和執行集體活動的能力、談判和影響技能、規劃和控制程序的實施，最後是對變革初衷的理解和影響能力。」

教練：「你一定花了許多功夫與時間，才整理出這些重點。眼前哪些是你能做的、也是團隊所需要的？」

Lee：「具備上述全部條件的人，也必定會遇到員工、供應商、利益相關者或客戶帶來一定程度的阻力，這是無可避免的。雖然阻力永遠不可能完全消除，但仍可以透過許多方式緩和。我想可以從加強敏捷性和韌性、遠距工作的模式、組織結構調整等著手，要駕馭變革是相當複雜的。」

教練：「你想從哪裡開始呢？」

Lee：「整個歷程需要團隊的配合、主動性和意願，而且在此同時，會牽涉到多個步驟和專案，整個過程可能瞬息萬變、混亂不堪，我有些擔心。但就算你不想變還是會被推著

變,或許先來個團隊共識對話吧!因為接下來必然是難熬的過渡期,大家都不好過。」

教練:「有什麼策略和方法能讓過渡期更加順暢呢?」

Lee:「我想第一要務是建立緊迫感,如果員工認為變革不緊急、不必要,往往就會想盡方法不配合。二是組建一個變革宣導者團體,就算有著 CEO 頭銜或影響力,也不可能憑一己之力實現有意義的變革,較好的起點或許是將具有專業知識、可靠性和良好領導素質的人召集起來,帶頭為變革掃清障礙,並得到其他人的充分信任。三是制定明確清晰的願景和策略,明確的願景有助於提供清楚的理由,讓團隊瞭解為何應該努力實現這樣的未來,清晰的願景還有助於時間和資源的應用,專注於那些致力將變革願景轉化為現實的項目。四是強調短期成功,變革非一兩日可成,需要有人堅持到底。就像教練每次都能看見我的小成長,這對我很有用,我想用在團隊上,即時給予肯定,強調小成功堆疊出大目標的達成。」

教練:「確實,團隊需要看到明確的數據,印證變化切實可行。強調短期成功有助於激發人們對變革的動力和信念。什麼樣的第一個小步可以告訴我們,團隊正朝著正確方向前進呢?」

Lee:「我會先找一級主管取得共識,一起討論團隊共識營的目標、進程與各階段任務的確認、操作等等。」

教練:「身為團隊領導者,你希望從這個過程中看見什

麼呢?」

Lee:「看見團隊主管們彼此信任、開放地表達己見,就像共同規劃一段旅程,在成本、資源有限下,既能滿足團隊需求,又不失樂趣。」

教練:「在這變革旅程中,如果要為主管們準備一套旅行包,裡面會有什麼?」

Lee:「就是我剛剛說的那些能力,像溝通技巧、談判、協議的跟進與落實……,但好像有點多,或許我可以請他們每人先認養一項技能,循序漸進地鍛鍊起來。」

教練:「你已經考慮過如何推進目標了,對於行動方案,你有什麼想法或提議?」

Lee:「每次對話前,我要先祝福自己與團隊夥伴,就像每次教練前,教練會帶著我感謝彼此當下的際遇與祝福接下來的發生,這對我起了很大的安定力量。」

教練:「怎麼做呀?」

Lee:「先感謝彼此,接著邀請大家保持開放的腦、好奇的心。對了,我要時時提醒自己只能做建設性評論,讚揚短期成功。如果同事們能適時獲得讚揚,當我要給出建設性評論時,彼此都會容易些吧!」

教練:「Lee似乎是有備而來!」

Lee:「(掏出小筆記本)教練你看,我把每個人最近哪裡做得好的都記錄下來了,隨時收集著,一定讓他們刮目相看。」

教練:「希望教練接下來如何支持你?」

　　Lee:「或許在團隊共識與職能訓練細節上,陪我和團隊腦力激盪一下。」

　　教練:「沒問題!」

　　在以上的教練對話歷程中,教練試著提供一些簡單回饋並鼓勵客戶,將覺察轉化為行動,取得客戶承諾,比如運用「你現在能做些什麼,來達到你所想要的改變?」這樣的提問,邀請客戶思考,下一次會談之前需要做些什麼事情,才能進一步解決問題。加入評量問句,評估教練結果是否達成最初設定的目標,也是對焦需求與賦能客戶的好方法。

　　Macdonald(2018)提出簡單版的變革管理進行會議方式,請每個受到企業管理變革影響的人,引導他們輪流回答下列 4 個問句:

- 如果你什麼都不做,會有什麼後果?
- 你能夠做些什麼有助益的事?
- 如果你這樣做,之後會發生什麼事?
- 最後,制定一個最低限度的計畫,討論由誰來執行方案。

　　以焦點解決教練取向觀點來說,主管應該避免承擔過多責任,例如:過多採取由主管提供的方案或行動計畫來完成組織目標,相反地,更應是由下屬提出行動方案、績效與歷程管理,取得彼此工作上的深度承諾才是。

Macdonald（2018）認為建設性評論（constructive criticism）不常被視為焦點解決技術，但在企業與教育訓練中，是有許多情況需要給予回饋的，而在回饋中也需要要求行為改變。以焦點解決教練的觀點進行建設性評論，需要先注意到客戶已經做得不錯之處，尤其在培訓高階主管時，可以把評論／回饋作為對話形式。他建議採用下列的關鍵代表問句：

- 你希望從這次過程中得（學）到什麼？
- 當你離開這裡，再次回顧這次對談時，你希望看到怎樣的成功？

在主管與員工面談時，可用下列方式表述：

- 我想要你……／我希望你……（具體的改變）。
- 我相信你能找到辦法做到。
- 很有可能你已經想過如何改變這情況，你對解決行動方案有什麼樣的想法或提議？
- 請說明一下你這個方案會達到哪些效益／發揮什麼作用？

焦點解決教練取向教練透過賦能個人、彙集集體力量，培育變革型領導者幫助組織實現既定目標、取得進展。Ghul（2017）在研究中強調透過採取小步驟來實現目標的重要性，並指出人們往往會陷入懶惰、恐懼和拖延的陷阱中，導致他們無法實現自己的目標。相反地，透過採取一系列小步驟，人們可以逐漸邁向成功。行動的建議包括設定具體的目標、制定行動計畫、與他人分

享自己的目標及幫助人們開始採取小步驟，並強調堅持不懈追求自己的目標的重要性。儘管採取小步驟可幫助人們逐漸實現自己的目標，但只有堅持不懈地努力，最終才能取得成功。

如果你身處領導崗位，不妨花些時間反思一下：你是否希望培養或加強這些變革型領導者素質？如果答案為肯定，不如嘗試結合焦點解決教練取向技巧與 Ghul（2017）的行動建議，並輔以系統性思維鍛鍊，提供更全面、深入的洞察。系統性思維模式說明如下：

1. **理解整體系統**：看到組織或團隊中的不同元素如何相互作用。這可能包括組織結構、文化、流程、溝通渠道等。透過理解整體系統，可以更準確地定位問題的來源，而不僅僅是處理表面症狀。

2. **追蹤影響和相互關係**：探索各個元素之間的相互影響和關係，有助於識別可能影響解決方案的因素，並確保變革時不會引發其他問題。

3. **系統動力學**：理解組織中各種變數之間的因果關係。以模擬和預測可能的影響，進而找到解決問題的有效策略。

4. **分析回饋迴路**：識別回饋迴路，了解正面和負面迴響如何影響系統的穩定性。透過了解這些迴路，可以更好地設計干預措施，以緩解不良影響或加強正面效應。

5. **促進共同學習**：和團隊成員共同參與問題解決過程，有助於從不同角度收集意見，促進全面思考，並確保解決方案的可持續性。

6. **運用故事和圖像**：透過使用故事和圖像，可更生動地呈現系統性思考，有助於更好地理解整個系統，同時提供更具感染力的描述，有利於推動改變。

透過這些系統性思考的方法，焦點解決的教練可協助領導者更全面理解和應對複雜的問題，從而提高解決問題的效果，協助領導者更有效地走出困境。

CHAPTER 8

團隊營造

一、把「抱怨」轉化為「想要」

Michael 來找教練晤談時，唉聲嘆氣地抱怨自己手下的員工都跑了，整個團隊除了他，只剩下 3 位同仁。Michael 說在他的產業裡，沒有人就無法做出業績，更讓他擔憂的是，光是其中一位離職同仁負責的 1 個客戶就背負部門 1/3 的業績。Michael 提到整體大環境變差，他部門整體業績已經很險峻，竟然這一次走了 3 個人，很難向上交代。

焦點解決教練取向跟其他取向一樣重視傾聽客戶的聲音，但不是只為了讓客戶紓解心情，在足夠了解客戶困境之後，需要停下來核對。通常，教練不會貿然打斷客戶，但是當客戶滔滔不絕、正落入「problem talk」時，他的思維也正在不斷擴大綿延地想著「問題」。這時，如果教練說：「Michael，你剛剛提到很重要的訊息」，客戶一聽到「重要」、「很關鍵」、「特別」就比較容易停下來，因為我們正說到客戶關心之處。

二、把「想要」訂為「目標」

教練：「剛剛我聽到你說到很重要的地方，你不希望人力流失而影響業績，尤其是負責重要業務的同仁離開而帶來損失。」

Michael：「是啊！一下子走掉 3 個人，我部門的業績直接受到衝擊。」

教練:「你不希望發生這樣的事,希望人力儘早穩定下來,業績趕緊提升起來,對嗎?」

Michael:「這當然啦!我希望能夠跟你討論一下我可以怎麼做。」

教練:「如果你同意,我想我們今天的談話可聚焦於人力回穩與業績提升。」

焦點解決教練取向重視先把客戶的「不要」、「不希望」、「不願」、「不能」移轉為「想要」、「所欲」,這樣引導客戶定下目標,也整理出談話方向來。

Taylor(2013)提到,許多人以為問題與沒問題分屬 2 個區域,相隔著難以跨越的鴻溝,如圖 8-1,然而他認為,其實問題與解決方法相鄰相倚,如圖 8-2,圖中的虛線有如一次會談,客戶總是談到更多的問題,教練要做就是協助客戶移動到討論解決方法。在每次會談中,焦點解決教練要做的事,就是從左邊的虛線長條形移動到右邊,談論更多的解決方法。

圖 8-1　問題與沒問題

圖 8-2 問題與解決方法

當客戶說到他不想要的、情況不順利的、超過他能控制的，說很多他卡住之處、說問題麻煩之處時，教練要引導客戶討論更多他想要的、情況較順利之處、正向的可能、他如何往前等。

三、找出客戶的籌碼

並不是談論了目標，客戶就會一直正向往前走，多數客戶會繞回去抱怨問題，或穿插描述他們的困擾，但也描述著目標。採取焦點解決教練取向時，要敏銳地聽出客戶正在談問題還是談解決。談論問題的客戶，因為聚焦於目前的困擾，容易忽略自己一直有在努力解決問題，或者過去成功解決問題的經驗。教練要做的就是翻找出客戶的籌碼，客戶過去成功的例外經驗就是第一種

籌碼。

焦點解決教練取向重視善用既有資源（make use），以及發揮過去、現在與未來的各種可能性（possibilities），請參考以下對話。

教練：「我很好奇，一開始時，你的部門人力很穩嗎？這六個人，你是如何帶上來的？」

Michael：「其實我升為經理時，他們跟我一樣跑業務，其中兩位還比我資深，他們也不是很服氣，質疑為何是我升遷。一開始他們都各做各的，甚至有些訊息都沒回報給我，讓我常被老闆修理。」

教練：「你是怎麼把這樣的團隊帶領起來的？」

Michael：「我很努力，每天都把一整年的報表拿來分析，遇到不會的就請教他們。以前沒當主管，我只管業務，現在學會許多財報分析，自己進步很多，可能他們也看到我很認真吧！」

教練：「還有呢？」

Michael：「我會以身作則。做業務的上班很彈性，但我會在固定時間固定在辦公室做事，開會、活動、拜訪等，我一向都很守時，通常一早就進來辦公室。」

教練：「還有嗎？」

Michael：「我常找他們稍微聊聊天，才可以知道他們最近發生什麼事。也是關心一下他們啦！有事的時候，也比較

容易談。」

教練：「所以你在職場上會虛心請教、認真學習、保持關懷溝通習慣、示範準時等，這些都對你帶領團隊非常有幫助。那麼一開始團隊還沒穩定、人力也可能不足時，你是如何讓部門仍然可以保持運作的？」

Michael：「本來我部門人力也不齊，是我努力去拉了幾個其他部門的同事來，還有我過去在其他公司認識的同業朋友，他們的特質很適合跑業務，也知道我做事的態度與個性，願意跟我一起工作。這次流失 3 人，其實我也知道他們是有原因的，其中一位身體出了狀況，一位就是不放心先生一人在大陸，她也跟我提過很多次了，一位是回家幫爸爸接起家裡的生意。」

教練：「你是怎麼成功找對人的？」

Michael：「我知道做我們這行的該有什麼樣的個性、企圖心。」

教練：「這個經驗對你現在要補回人力有什麼幫助？」

Michael：「我想如果是帶領一半新人的團隊，我自己的態度很重要，必須讓人願意跟我一起合作，讓新人也知道我的做事方法，就像以前，讓所有的人都服氣、願意聽取我的意見。」

第一種籌碼是提取出客戶成功經驗中的重要能力，然而問題並不是常常都能成功處理的，所以除此之外，還有第二種籌碼，

也就是當沒有成功經驗時,可以詢問客戶當「問題比較不嚴重」、「情況稍微好一些」時的解決方法。Michael 的許多特質讓他更能進入主管角色的準備,例如:守時、謙虛、好學、態度,此外,他也努力學習主管職所需的能力,包括看懂報表,在專業上提升,也懂得識人選才。

四、夾縫中提問生存之道:因應問句

第三種籌碼是問客戶,在困難情況下是如何因應、處理的。探討這部分可讓客戶有能力感,注意到自己仍是有採取某些方法的,雖然結果不盡如人意,但是能夠看見自己的行動,並從中思考哪些是稍微有效的,也能引導客戶不落入二分法(失敗╱成功)思考,請參考以下對話。

教練:「在人力青黃不接時,你是怎麼度過的?」

Michael:「我自己下去跑啊!一邊管理部門,一邊跑客戶,就是跟同仁一起分擔。」

教練:「同仁眼中看到的是怎樣的你?」

Michael:「我就是辛苦一些,多承擔一些。等人力逐漸補進來,我就可以放心退回自己的工作上。」

教練:「你提到團隊內剩下 3 位同仁,你如何讓你的工作團隊因應這段時間的人力變化?」

Michael:「我調整了大家的工作執掌,讓其中一位較資

深的同仁接替原來承擔 1/3 業務的那位。有些客戶因疫情關係，正好不需要面訪，我讓同仁都改為利用電話、視訊進行拜訪與會議。對於部分例行性、不急迫的業務，也調整了作業時間，避免同仁在這段時間負擔過重。除了因應人力變動的影響之外，我也加強跟主管、跨部門的溝通，加強客戶對產品的意見與反應，把這些資訊傳遞給公司主管、產品研發部門、客服部門等也十分重要，因為客戶對產品的使用意見會直接影響訂貨量。」

教練：「你在這段時間做了相當多的因應措施，你的主管對這些調整有什麼看法？」

Michael：「主管還是會嘮叨人力流動高，但他也看到我的應變，希望我們部門趕緊穩定下來。」

五、啟動行動，找出第一步

「千里之行，始於足下」，即使有目標，也要有行動，問題才得以解決。展開行動首先要找出客戶現在就能做的第一步，除了可立即行動這點之外，也要是微小、具體的一步。

教練：「除了補人、重整團隊，你對產品與業績也有自己的看法。我們先回到穩定部門這部分，對於補充人力，你第一步會做什麼？」

Michael：「缺人我當然也很急，不過，我想找對特質也

很重要。我想我會找目前的 3 位同仁聊聊，看看他們對補人的想法，畢竟我也希望他們可以合作。我想招募找人不是問題，重要的是我運用自己的強項重建起團隊，剛剛這樣討論，我覺得自己過去也是這樣建立起來的，這次應該也可以勝任。」

教練：「如果用 1 把尺來衡量，1 是怎樣都不可能把團隊帶領起來，10 是全力以赴把團隊帶起來，你覺得你目前在哪個分數呢？」

Michael：「10 分，想到以前自己剛升上主管時的熱情與幹勁，我一定不能只是遇到這樣的狀況就被打敗了。」

教練：「如果 1 是最糟的情況，10 是你們團隊 KPI 達成、績效最好的狀況，目前大概在哪個分數？」

Michael：「應該是 4、5 分。」

教練：「為什麼你會認為是在 4、5 分？4、5 分是什麼情況？」

Michael：「現在人少一半，業績當然也掉了一大半。但是至少還有 3 人在，我自己最近也加入幫忙，就還沒有到最糟糕的時候。」

教練：「你希望下一階段至少到幾分，比如下一季時你希望團隊在幾分？」

Michael：「下一季啊，至少要到 7 分吧。」

教練：「說說看團隊在 7 分是什麼樣子？」

Michael：「不會因為走了 3 人，其他人就人心浮動，或

者因為工作負荷大怨聲載道,而是能夠共體時艱,一起度過難關。」

教練:「這段時間你能做些什麼,來幫助團隊早一點達到 6 分?」

Michael:「我很久沒有找部門同仁吃飯,我想藉著聚餐跟大家聊聊,聽聽他們的想法,至少讓團隊的向心力再強一點。另外,這些日子我調整了職務,也需要了解他們的意見。如果大家能支持我的作法,那就是 6 分;如果補了人,新人也開始熟悉業務,那應該就有 7 分了。」

焦點解決教練取向會用評量問句,讓客戶更具體、清晰地衡量自己的情況,也會讓客戶移動數字,想像自己想要達成的目標分數、數字所代表的情況與改變,並討論不同分數的差異,就如圖 8.3,引導著客戶有希望地移動到＋1 分數,這樣就是協助客戶往解決的路上前進!

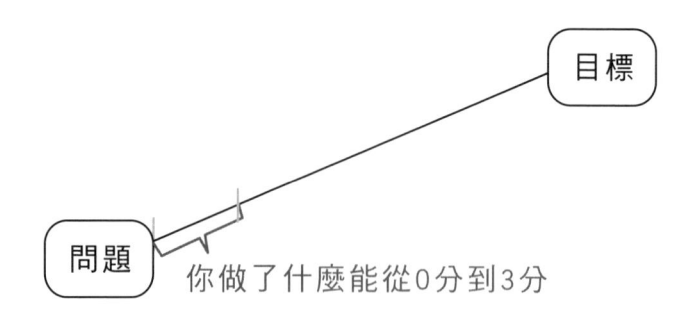

目標

問題　　你做了什麼能從0分到3分

圖 8.3　評量問句

六、焦點解決教練取向的反思與解析

在上述這段簡要的教練對話中，包含了焦點解決教練取向的 6 項要素：

1. **把客戶的「抱怨」轉為「想要」**：聽到 Michael 抱怨同仁對他不服氣、不願意配合、人力不足之後，教練引導他轉移到他想要的能帶起團隊、能讓大家團結一致。

2. **把「想要」訂為「目標」**：想要帶人帶心、把團隊經營好，這是 Michael 的目標。

3. **找出客戶的籌碼**：Michael 在職涯中曾有過團隊，也曾跟團隊維繫好關係，他需要找到過去做到時的能力、特質與方式。

4. **另類籌碼**：「人生不如意十之八九」，若有成功經驗來因應的確是最好，但詢問客戶在不順利時如何求得生存之道，或是沒讓問題愈演愈烈，這就是因應問句。

5. **啟動行動，找出第一步**：Michael 找同仁聚餐、聽取同仁意見，來提升向心力，這是促進團隊感的一小步。

6. **表達欣賞與讚美**：讚美是最有力的介入。

Michael 只進行了 1 次教練會談，結束前，教練詢問這次會談帶給他什麼幫助，Michael 表示這讓他想起自己的能力，找回自己。如同 Szabo & Meier（2008）所說，教練對會談的貢獻是簡單樸素的，堅持尋找已存在的資源，作為一個教練，其挑戰在於即使事情變複雜時，也繼續保持簡單；當客戶的能量不是那麼明

顯時,也要認定客戶是有能力的。教練要保持簡單不容易,當 Michael 能藉由 1 次會談重拾自己,教練與客戶都感到滿意,客戶從晤談室離開時,帶走的訊息才是最重要的。

除了第六章提到的 SOLUTION 模式,Williams、Palmer 與 O'Connell(2011)也曾提出 FOCUS 模式,作為更精簡的焦點解決教練模式。其要素依序如下:

1. F(free talk):第一步是自由交談,包括了解客戶的嗜好、晤談前的改變、問題與挑戰,以及用 1～10 來為客戶處理困境的信心評分;

2. O(openly explore goals):第二步是考量例外與資源,包括過去的成功經驗、目前的希望與渴望;

3. C(consider exceptions and resources):第三步驟是思考例外情況,比如問題是否已經被克服,或者沒有那麼嚴重。向客戶回饋他的優勢、能力、資源與成功;

4. U(understand preferred future):第四步是了解客戶想要的未來,使用奇蹟問句,建構一個圖像;

5. S(sign up to small steps):第五步是拓展客戶潛在的資源,開創一小步行動計畫,再一次使用評分問句,評估客戶處理問題的信心水準,以探索未來。

Adams(2016)則提出了字母縮寫為「ENABLE」的焦點解決教練取向模式,其六大要素如下:

1. E（elicit preferred future）：第一步是引導客戶談論更多他們想望的未來；

2. N（notice exceptions）：第二步是注意例外的情況，包括過去的成功經驗、沒那麼嚴重的情形；

3. A（activate strengths and resources）：第三步是啟動客戶本身的優勢、能力，以及客戶周邊、系統中的各種資源；

4. B（build on what's working）：第四步是以有效之處作為基礎；

5. L（look for opportunities）：第五步是注意各種可能的機會。焦點解決教練相信事情總有不同可能性，哪怕只是一點點可能的機會，也要去尋找；

6. E（efficacy-supportive feedback）：第六步是給予客戶回饋，提供支持，讓客戶更具信心與效能感。

Adams 探討了以解決方案為中心的教練方法應用的證據基礎，特別提到以解決方案為中心的實踐，對客戶實現改變提升希望感，此模式是教練很實用的工具。

Szabó 與 Meier（2008）提出教練的效果有三大項：**增強意識、增加選擇、提高自信**。以 Michael 的例子來說，教練的提問讓他的觀點拓寬了，他的手電筒不再只照著問題，光束還照到目標，照到他的能力與經驗，讓他看待事情從原先的黑暗角度，拓寬到對他有幫助的領域與話題上，所以焦點解決教練取向能在短時間內完成。

焦點解決教練取向晤談很重視聽懂客戶的問題，以及瞭解客戶對問題的看法、知覺、感受等。在將 Michael 煩惱的「問題」轉化為他想要的「目標」時，當客戶願意設定目標、想要改變，教練便透過對話引導客戶思考正向的情況，設定自己想要的目標，也透過想像，強化暗示問題會有解決的可能，提升客戶的希望感。Michael 在教練的提問下，整理自己過往的籌碼、目前的因應，賦能了自己，找出過往自己具備的能力與成功經驗，進而面對、解決現在的困境。有時客戶的目標美好而遙遠，教練要透過提問，讓客戶確立近程目標、第一步目標。大目標需要細分為小目標，才容易行動與評估，教練要與客戶一起討論邁向目標的踏腳石，踏出第一步，才能「行遠必自邇」，逐步達成目標。

在整個教練過程中，要適時合宜地表達對客戶的欣賞與讚美，看見客戶的能力就直接讚美，加上從客戶重要他人的角度提問，傳達其他人對客戶的欣賞與觀察，這是一種間接讚美，然後，詢問客戶是如何可以做到的，這樣的問句暗示著客戶的能力，邀請客戶自我讚美、賦能個案，這些啟動力量的問句潛藏著強大力量，讓客戶手上的手電筒映照更大的光亮，為自己開闢出一條道路來。

除了一對一提供 Michael 個人教練之外，人力不足、團體向心力不夠不僅是 Michael 個人的困境，也是團隊所有人都面臨的難題，以 Michael 的團隊來說，也非常適合進行團體教練。

O'connell、Palmer 與 Williams（2012）提出務實的團隊教練操作流程，如表 8-1。

表 8-1 團隊教練的議程例子

會談	內容
定位	焦點解決團體的目的與目標、時間與休息的安排、介紹
契約	合作的方式：保密、基本規則、協調員的角色
目標的釐清	2 人／3 人一組澄清個人目標、建立團體共同的目標
何謂焦點解決教練 SFC	SFC 原則 暖身活動：優勢與弱勢的感受
團隊教練	SFC 過程 SFC 技術為基礎的練習 主持人 1 主持人 2 主持人 3
回顧	給予主持人及其他團體成員回饋 焦點解決教練形式的回饋
結束	後續會議概述

引自 O'Connell, B.、Palmer. S. & Williams, H. (2012). Solution focused coaching.in practice, Routledge, p.113.

O'Connell 等人建議會談可以這樣進行：首先，焦點解決團體需要先讓成員知道這團體的目標、何以會組成，並說明如何進行，如休息、時間的安排，包括彼此自我介紹，讓團體有個定位。其次，針對團體成員一起合作的方式，包括團體內的討論要保密，說明一些基本規則。然後，讓成員以 2 人或 3 人為一組，進行討論，釐清個人的目標，也將團體共同目標整理出來，讓團

體有共識。接下來，讓團體成員認識何謂焦點解決教練，透過焦點解決取向的暖身活動，讓成員體會到優勢觀點、缺陷觀點的差異、對立，透過活動體會解決式提問與指責、怪罪回應的差異，讓成員學習到焦點解決式提問技術。在不同對話階段，輪流由不同主持人來進行團體的教練，討論告一段落後，邀請成員一起給予團體成員回饋。最後，回顧與整理本次團體教練，並且為下次會議要討論的議題與重點提供概述。

在團體教練中，每個人都有機會參與團體教練，在個人目標上進展，同時也發展焦點解決教練技巧，每個成員輪流被邀請談論個人知覺到的目標，並由小組使用以解決方案為中心的方法進行教練，讓整個團隊邁向改變與目標。

在團體教練中，團體在一個支持、尊重的氛圍與脈絡中，成員有機會分享、關懷、協助成員在過程中往前、有創意地思考，這樣正向的團體聚焦在優勢、解決，同時也賦能著彼此。

焦點解決教練工作的關鍵在於力求簡單，但簡單不等於容易（Jackson、Mckergow，2004），或許在上述描述看來，焦點解決教練是有流程、順序的，但這不是僵化不變的，有時你需要把解決工具洗牌，有時需要丟掉幾張牌。最高原則就是做最有效的事，即使要改變順序，因此教練的覺察力很重要，需要覺察團體成員之間的反應有什麼變化，並據此做出反應。哪些成員對誰有影響力？大家太快或太慢提出點子，跟這家公司的文化脈絡有什麼關聯？這些細微差異與團體動力，都是教練需要掌握的情勢。討論有效、避免預設立場、找出例外與籌碼，這是教練的科學

面;帶著彈性、不預設立場、跟隨組織與團隊的氛圍、感覺團體裡的流動,這是教練的藝術面,焦點解決教練既是科學家也是藝術家,因為每個個體都不同,每個團隊組織也都不同。

焦點解決教練不是要找出對、錯的方法,而是如何共同建構「更好」、「共好」!

CHAPTER 9

空降主管與資深人才協力共榮

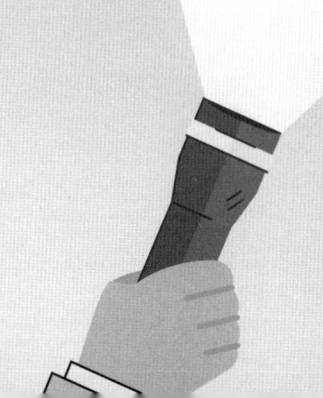

Ann 是位纖細高躰、步履輕快、話不多的出色專業經理人，3 個月前才從百大外商公司轉任本土企業。她負責管理法務與併購部門，雖然嚴謹、不苟言笑，但其實很關心部屬。上任為主管後，Ann 開始享受她的新角色：管理、支持同事、排除障礙、產生新構想、主持會議，並對政策的制定作出貢獻。

然而，一些資深員工或跨部門主管卻不喜歡跟她討論專案，經常直接向老闆報告工作進度，甚至爭功諉過。在會議中當 Ann 發言時，她覺得有種被邊緣化的感覺，信心受到不小的打擊，也感到自己管不動團隊，又生氣又沮喪。Ann 覺得自己正在失去作為領導者的責任與義務，對此感到非常焦慮。她意識到這個問題必須得到解決，希望能與部屬、主管們開誠布公地談論越級報告與跨部門合作的議題，了解他們為什麼會這樣做，但是要從哪兒開始呢？

在這樣的困擾下，Ann 主動向人才發展部門徵詢了教練的安排。Ann 與教練約了早晨會面，希望在上班時段之前，先進行教練對談。

一、Ann 與教練的對話

教練：「謝謝 Ann 的邀請，妳平常都是這麼早就開始工作嗎？」

Ann：「我習慣 6 點左右起床，先做半小時的靜心瑜伽，才開始打點自己，通常 7 點半進辦公室。」

教練:「公司 9 點上班,妳早到的考量是?」

Ann:「避開交通尖峰,我自己也很需要安靜的思考時間。通常我不喜歡在下班後思考工作相關的事情,就算在家工作也是如此。」

教練:「妳怎麼看待這些習慣?」

Ann:「當然是有好有壞,至少這樣比較適合我現在的生活節奏。」

教練:「除了靜心瑜伽,妳平常還喜歡做什麼?」

Ann:「打桌球,我比較喜歡快節奏的運動,不用過度思考。」

焦點解決教練重視正向開場,雖是寒暄,但也是朝著客戶優勢進行,了解客戶對工作、思考、安頓自己的知覺、看法與做法,同時展現焦點解決教練對人的好奇與看重。

在第一次會談開始,教練給客戶機會談論他們自己和他們的興趣,並不立刻談論他們的問題(O'Connell,2003)。從這些對話中,通常會發現一些訊息,對理解客戶以下面向有所幫助:
- 如何與客戶一起工作。
- 哪些比喻或例子對客戶有用。
- 客戶的優點、素質和價值觀等等與建構解決方案有關聯的訊息。

沒有問題的談話也強調了一個事實,那就是客戶除了可能遇

到的困難之外，還有很多東西。

以下將從對話過程的啟、承、轉、合等重要步驟進行說明。

二、啟：教練關係的建立

教練會問客戶「當你實現你的目標時，你會有什麼不同？」緊接著問「那這個不同會為你帶來什麼其他改變呢？」這種提問方式可以幫助客戶釐清他們的選擇和優先事項，同時確定實現目標的步驟。

教練傾聽並承認客戶的議題，盡量避免掉入「問題陳述取向的對話」。人們往往希望且需要把事情說出來，特別是感到被孤立和被誤解時。教練用接納、尊重態度去探詢人們的關切和感受，同時尋找機會，以尊重的方式從「問題對話」轉向「解決取向的對話」。在不同的時候，客戶往往也有解決的辦法，他們會有自己的想法來改善現狀，並需要有機會與別人探討。一個明智的教練總會仔細傾聽客戶的想法，盡可能與客戶的喜好合作。教練會鼓勵客戶打破無益的模式，並做一些「不同的事情」。教練和客戶合作尋找資源，並制定受「承諾」的解決方案。以焦點解決取向的方式工作意味著教練和客戶合作，尋找客戶的資源，制定出「個人化」解決方案。教練要在促進、但不干預或影響客戶個人化的教練過程中，建立解決方案。

教練：「聽起來，Ann 對自己有相當程度的掌握。可以

先說說妳想談什麼議題嗎？」

Ann：「我感到非常困擾和憤怒。我發現這裡的文化和我之前工作的外商公司完全不同。我覺得自己像是一個陌生人，甚至有點無助和孤單。」

教練：「這聽起來很不好受。」

Ann：「在這裡，人們似乎不太善於表達自己。同事們大多不會主動跟我交流，我常常感到自己被排斥在外。我也發現這家公司的組織文化比我原本以為的更加官僚和缺乏彈性。這不但讓我很難推動組織改革，也讓我很難找到可以信任和支持我的工作夥伴。」

教練：「目前妳似乎遇到一些挑戰，和過去在外商工作比起來，最主要的差異是什麼？」

Ann：「以前我在外商公司，工作團隊非常主動積極和開放，團隊與團隊之間有很多交流和討論，也很容易找到共同的目標和價值觀。但是在這家本土企業，我感覺自己找不到這樣的團隊。在這裡，人們更加注重自己的權力和地位，而不是協作和共同進步。」

三、承：將抱怨化為期待、目標

教練：「聽起來妳已經對工作、環境作了詳細的分析，如果可以解決這些問題，理想上妳希望如何呢？」

Ann：「既然找不到這樣的團隊，可能要自己創造了。

但那群人⋯⋯不不不，或許我只是在浪費時間。（沈思，嘆氣）我回國是對的嗎？」

教練：「聽起來妳有些質疑。對這份工作，妳有什麼想法與期待呢？」

Ann：「（眼神霎時亮了起來）回家鄉工作可以多些時間陪爸媽，又可以將自己的經驗與所學帶回台灣，更重要的是在國外工作將近 20 年，心裡總是不踏實，再加上已經中年了，如果不把握機會，在職場上很快就會失去價值，那時再回台灣也沒好的工作機會了。」

教練：「接受這工作，把握機會回台灣，然後呢？」

Ann：「（嘆氣）結果完全不是這樣。辦公室員工平均年資超過 20 年，許多人連電腦按鍵都搞不清楚，手寫報告，還有錯字，這樣要如何帶領那些 90、00 後的年輕人呀？只是要求他們文件電腦化，竟然可以去找老闆求通融，真是不可思議，更慘的是還要常常加班，我都覺得是在詐領加班費。」

教練：「想像半年後妳工作起來已經有所不同了，那會是如何？」

Ann：「哈！我想，我會在一個有木頭階梯的辦公室，我輕鬆自在地走在上面，旁邊還有我的同事、大老闆們，所有人都帶著笑容，活力十足、愉快地談論著工作、生活上的點點滴滴。」

教練：「這畫面既輕鬆又愉快，若要達到這理想，畫面

中哪些人會是關鍵人物？」

Ann：「應該是老闆和那位每次都去找他報告的歐吉桑吧！基本上，所有同仁都很尊重我的專業，老闆也很器重我，還增加了我的權責。如果歐吉桑能夠調整工作模式，我應該就不會這麼焦躁不安，而且不用常常加班，修改他送來的資料了。」

四、轉：目標協定，焦點移轉回客戶自身

教練：「如果老闆與歐吉桑更器重、尊重妳，那與現在會有什麼不同呢？」

Ann：「歐吉桑沒越級報告，有話直接跟我說，而不是跳過我去找老闆。老闆也可以同理我的處境，多多公開支持我、表明立場。」

教練：「如果歐吉桑直接找妳談，那妳會對他做什麼呢？（現在沒做的事）」

Ann：「啊！他也是很資深了，我不能老是挑錯、嫌他不夠數位化，我有點想說些肯定他的話。他經驗豐富，其實許多意見都很有道理。加上同事們很熟悉彼此的工作模式，有他們自己互動的方式與信任基礎。」

教練：「要讓歐吉桑願意直接找妳討論，需要發生什麼事情呢？」

Ann：「我不要立刻就反駁他，還有我不能常常擺出專

業、冷漠的樣子吧！其實除了公事之外，根本沒人想要跟我說話。（Ann 笑出聲來），而且我剛來，大家也會有一些危機感吧！會更想要在老闆面前有所表現。我想我應該要更隨和些。」

教練鼓勵客戶將注意力從消極的「看到」問題，轉移到積極的注意日常發生的相關事件。例如：他們可以選擇糾結於自己所犯的錯誤，也可以研究自己在其他時刻是如何成功的，以及當事情出錯時可以採取哪些不同的行動。當人們越是專注在解決方案上，就會愈加敏感，越能意識到有哪些解決方案可以利用。

客戶描述期待與目標時，通常都是希望別人改變，Ann 也不例外。她希望是老闆改變，更支持自己。她希望歐吉桑改變，不要越級報告，更願意被管理一點。當教練接納、認可客戶的目標之後，再移轉回來問客戶需要發生什麼事，或者聚焦回客戶自身會做什麼不同的事，這些提問可協助客戶思考自己能做哪些不同的事。

從客戶的期待切入，教練著重客戶對於外在世界、環境的牽動與連結，在客戶所處的系統與生態中，重視在系統層面的力量，因為系統是一個處於動態變化的有機體。教練不僅要協助客戶進行單點的行為改變，也要讓客戶看見身邊資源、關鍵人事物對自己的影響，交織著客戶與系統間的連結，促發更多改變。

教練：「需要發生什麼事，才會讓別人感受妳不只專

業，還是隨和、好相處的？」

Ann：「我想我需要更主動地去建立關係，還要更開放地去接受不同的文化和價值觀。我也需要更有耐心地去了解歐吉桑，以及這家公司的組織文化，並且找到一些可以支持我、協助我推動組織改革的人。」

教練：「很好，這些都是非常好的想法。有什麼人可以協助妳呢？」

Ann：「我覺得教練、老闆在這些事情上都可以給我很大的幫助！」

教練：「謝謝妳的肯定，但身為教練，我是不會告訴妳該怎麼做的。不過，我會全然地投入，陪伴妳看見問題、邁向未來。妳最希望老闆如何支持妳呢？」

Ann：「老闆可以與我立場一致，當歐吉桑去找他討論工作時，或許可以找我一起。」

教練：「聽起來很具體可行，妳打算如何做？」

Ann：「找老闆說明我的困擾與擔憂。畢竟，我還需要部門員工帶我熟悉整個組織，我可不希望和部屬們的關係弄僵了，況且，我也希望工作環境是愉快、友善的。」

教練：「除了找老闆談談，妳還想到什麼好方法呢？」

Ann：「我也會找歐吉桑，聽聽他對我這段時間的表現與看法。而且過 2 天我就到職滿 3 個月了，我想請大家喝下午茶，慶祝到職，同時感謝同事們在這段時間的協助與支持。我話不多，但不代表我不關心大家。那我該如何開始

呢？教練可有什麼好方法？」

　　客戶習慣要答案，尤其是在企業中，希望有個立竿見影快速高效的解決方法，許多客戶對於付出高額費用有著這樣的迷思。再者，焦點解決教練看重客戶的例外經驗，相信每個人都有籌碼，客戶一定有自己的方式。如果說要探究過去，焦點解決重視在過去經驗中提取有用的訊息、有效的方式，而不是找出問題循環的原因。

　　焦點解決取向的教練重視合作，在尊重、平等的關係中，建立雙方的信任關係，並認為客戶是個人問題的解決專家。客戶的「內在」資源遠高於「外在」資源，他人不可能知道客戶的「最適」解決方案是什麼。解決方案的選擇來自客戶，而非問題表象。教練促使客戶找回並使用個人擁有的豐富經驗、技能、專業知識和直覺，找到屬於個人和創造性的解決方案，以解決他們在工作和個人生活中遇到的情況（Greene、Grant，2003：23）。教練的角色不是提供解決方案、給出建議或提供充滿病理的洞察力（Grant，2006），而是同理當事人的主觀經驗，傾聽當事人的痛苦，給予陪伴與支持，接納客戶的情緒，覺察客戶的關鍵性感受，並從客戶的認知、學習歷程與社會價值觀去思考，透過同理心的展現，快速建立關係，有效支持客戶。在這種關係中，教練的角色更像是促進者，透過支持性的提問和反思，使客戶能夠挖掘自己的資源，並意識到他們擁有與當前挑戰相關的技能、優勢和策略。

五、合：例外經驗的探詢

教練：「妳過去有哪些成功經驗呢？」

Ann：「其實我之前到跨國公司時，也遇過類似的情形，我真該學習上次的經驗。」

教練：「妳好像有些想法，打算怎麼做？」

Ann：「我自己要主動跟歐吉桑談談工作，尤其是問他需要我這邊支持什麼？」

教練：「如何知道妳的努力已經有些成效了呢？」

Ann：「部門同事要團購零食會來問問我，歐吉桑有事情會先找我討論，不會直接找老闆。」

教練：「真是讓人期待，那我們來約下次時間！」

在與教練對談之後，Ann 覺察反思到部分原因可能來自她的管理風格太嚴格，並且經常挑戰同仁們的提案。這導致有一些部屬感到 Ann 不夠信任他們，並且在問題出現時也沒有及時地提供支持。

此時，Ann 意識到必須改變自己的管理風格，開始給予部屬更多的授權，並且給予他們更多的支持和鼓勵。在與上級的關係上，Ann 也開始與主管們在訊息傳遞與溝通上建立更加緊密的連結網絡，因此在工作現場能有效降低越級報告的頻率。

大約在教練專案開啟後的 2 個月，Ann 的努力開始取得成效。部屬們開始認識到她的專業與直言開放的領導風格，彼此信

任度提升，且更加願意並理解到如何相互合作。當團隊合作愈加緊密、團隊氛圍融洽、工作績效提升，董事會與上級主管們對 Ann 的工作表現也更加滿意，更有信心引入專業經理人，適當為組織注入新思維。

歷經 1 年的教練對談，Ann 的部屬和上級主管們都肯定她的改變和努力。感謝 Ann 積極主動的付出，使得整個團隊能朝永續經營的目標前進。這個案例告訴我們，在職場上，良好的溝通和合作關係對團隊成功至關重要。

教練以尊重與真誠的態度，運用發問、澄清與回應的技巧，協助當事人盡可能具體地探討問題、困難、疑惑及真實處境，同時引導當事人思考並看見個人的期待與渴望。教練主要在協助當事人將其呈現的片段資訊加以組織，使其更清楚看到問題的全貌，以決定該如何回應。當事人在面對自己所處問題情境的初期，通常知覺、感知容易主觀、扭曲些，因此教練必須協助當事人將問題情境發展為較客觀的觀點，建立客觀觀點將有助於當事人設定合理且有效的目標。

教練協助當事人「促成行動」，成為一個積極的行動者，探詢各種可能的方法，並且選擇適用可行的方案，做好立即啟動的準備。

最後，教練必須為會談結束做準備，除了提升客戶的心理素質與行動的執行能量外，首要目標為取得承諾，並邀請客戶回饋教練過程中的學習與對下一次對談的期待。

六、焦點解決取向教練還可再做些什麼？

在上述對話中，教練從正向社交、寒暄開始，傾聽客戶的抱怨後，移轉到討論目標，接納客戶希望別人改變，再進一步使用循環問句「假如真的對方改變，自己會對他有何不同」，這樣的問句會啟發客戶去思考自己可以做些其他不同的事，而擴展觀點，也拓展解決行動與方法，最重要的是移轉到自身可以做些什麼。通常討論到這裡，企業主管很快就有自己擅長的解決之道，果真是自己問題的專家。除了這些，我們事後諸葛地來看，教練還可以做些什麼呢？

（一）談話前的改變

當客戶第一次要求進行教練課程時，教練通常會注意客戶在對談前所做的努力與改變（O'Connell，2003）。在第一次對談時，讓客戶多說些他們已經控制、甚至改善的情況，這將給對談一個強而有力的、積極的開端，客戶的資源和策略成為教練舞台的中心，教練和客戶在此平台基礎上繼續發展。

（二）例外與成功經驗

在承認客戶所面臨的困難同時，焦點解決取向的教練會特別注意他們的成功經驗（O'Connell，2003）。熟練的教練會適時讓客戶意識到他們的優勢和素質，並邀請客戶思考如何將這些優勢和素質運用到當前情況中。

焦點解決教練取向不糾結於客戶遇到問題的時候，而是詢問他們在什麼時候能更好地處理問題，這些情況被稱為「例外」。例外情況總是找得到的，因為每個人都有高潮、低谷、起伏、好的和壞的時候（O'Connell，2001／2003）。例外情況提供客戶找出建設性策略的機會。透過強調和探索這些例外情況，客戶可找到如何讓這些例外情況、進展更頻繁發生或維持更久。教練會溫和地與客戶探討發生例外的情況，常會使用這樣的問句：你是怎麼做到的？你做的第一件事是什麼？你怎麼知道這將是有用的？需要發生什麼才能讓你再次做到這一點？例外情況遵循以解決為中心的原則，即「如果它有效就繼續做」。

（三）奇蹟問句

奇蹟問句是一種干預措施，焦點解決取向的教練用它來幫助客戶繞過「問題對話」，透過鼓勵、啟發客戶想像力來描述：如果他們的問題不受常規限制了，狀況會是什麼樣子。

標準問句形式是：想像有一天晚上，當你睡著的時候，一個奇蹟發生了，我們一直在討論的問題消失了。你不知道奇蹟已經發生，當你醒來時，看見奇蹟發生的第一個表徵是什麼？

一個經驗豐富的教練會透過客戶的回答，以更深入的問題來跟進行奇蹟問句。每一個答案都建立了客戶首選情景的一小部分，並幫助澄清客戶可以使用的策略。當教練探索客戶的奇蹟答案時，將傾聽到任何例外的例子——即使奇蹟只是一小部分，也已經發生了。此時，教練還挖掘到客戶的優勢、素質和能力的證

據,問句也將包括客戶生活中的其他重要人物,例如:他們如何知道奇蹟已經發生?他們會注意到什麼不同?他們將如何回應?

(四)評量問句

焦點解決教練取向常使用從 0 到 10 的量表來幫助客戶衡量進展,設定可識別的小目標,並制定策略,量表上的 10 代表「最好的情況」,0 代表最壞的情況(Palmer 等人,2007)。教練邀請客戶思考他們在量表上的位置,並提出問句,比如:你說你一兩天前位置在哪裡?當你在量表上的位置較高時,發生了什麼?你希望在未來幾週內達到什麼位置?要做到這一點,需要發生什麼?客戶也可以考慮其他人會把他們放在量表的什麼位置。焦點解決取向教練鼓勵客戶考慮他們可以採取的小步驟,這將使他們在量表上提高一個點。這與以解決方法為中心的原則是一致的,即「小改變可以導致大改變」。常見的情況是,當客戶致力於做出小改變時,他們會比原來計劃的更進一步。

(五)回饋是有力量的結束

在對談結束時,教練會向客戶提供簡短清晰的回饋,內容可以是:
- 欣賞性的回饋,具體說明客戶在對談過程之中做出的有益貢獻。
- 總結客戶在會談中所取得的成就。
- 在這些成就和客戶的既定目標之間建立聯繫。

・與客戶協議好在下一次對談前要做的事情——家庭作業。

有些焦點解決取向的教練，在每次對談後都會給客戶寫信，總結在結束回饋中所說的內容，也可以鼓勵客戶寫反思，記錄他們克服問題或做出積極改變的高光時刻。這種紀錄會成為解決方案的記憶庫，在困難時期可以利用。

七、總結與提醒

有時，教練工作效果不如預期，可能有下列原因：
- 教練的技術熟稔程度。
- 教練對該理論方法的使用不一致。
- 客戶暫時無法識別、應用自己的資源。
- 客戶尋求「快速解決」，不願付出任何努力實現所期望的改變。
- 客戶自尊心低落，無法欣賞自己的優勢。
- 客戶希望更深入了解自己問題的根源。
- 客戶希望教練是指導性的、是解決問題的人。

如果客戶處於改變的前思考階段，那麼他們可能還沒有準備好接受教練，因為在教練過程中，當客戶對教練有抗拒情緒時，這一點會變得很明顯，在客戶對制定目標和承擔任何間隔期的任務感到矛盾時，就會在教練過程中顯現出來。然而，他們可能會

在前幾次教練過程中有所改變,或者在以後的某個經驗中受益。

綜合上述,教練對談模式為:快速建立信任關係,並協助當事人願意坦誠面對自己的困境,從而試著用新方式來看待自己,同時採取新行動,坦然面對其後果,化危機、焦慮為轉機,最後賦能並取得承諾。

在整個教練歷程中,教練最大的挑戰是聽到客戶表面問題之外的訊息,需要再探問這問題或目標對他的意義與重要性,也就是要辨識客戶最在意的地方。以 Ann 的故事為例,表面上問題是「要不要繼續留在這家公司?」對談後發現這議題涉及與部屬關係及個人對生涯的期待,表面問題是部屬越級報告引起的情緒困擾,但更深入客戶的內在世界,問題實則是她對個人生涯的定位。教練需多聽、弄懂客戶的需求與期待,再討論他對困境的因應,並且探詢他的生涯願景,從中協助客戶找出自己的想要,這樣客戶的行動計畫很快就能呼之欲出。

CHAPTER 10

點燃團隊生命力

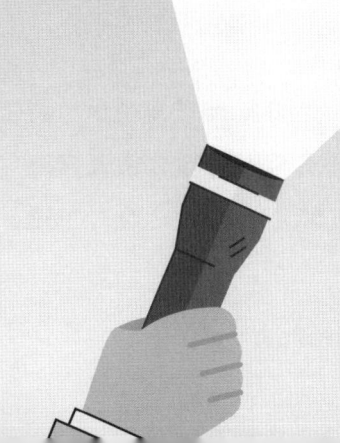

Linda 安靜地坐在我面前，雙唇緊閉，嘴角下垂，與過去不斷發出爽朗笑聲的她判若兩人。

Linda：「（用平靜聲音、猶如第三者一般敘說著）經過這一年長假，我下週就要回到工作團隊，現在人力上至少短缺了三成。我從上個月就開始期待，卻也同時作著惡夢，這到底怎麼了？但我很高興能在回工作崗位前與教練對談，說真的我不知道自己是否還喜歡這個工作、是否要回到這個工作。去年休假前雖然很辛苦，但我很努力告訴自己要休長假了而撐了過來。轉眼間，我又要回到這水深火熱的工作，我真的不知該如何面對。」

Linda 默默地流下了眼淚，繼續說著：「休假期間，公司每個月的工作報表都會以附件寄給我，我看得津津有味，雖不在崗位上，仍不時產出新點子、好想法。但是這兩個月來，我看到報表寄來，卻開始感到焦慮煩躁，甚至無法多看一眼，提不起勇氣打開信件。教練我該怎麼辦？」

教練：「這焦慮真的讓人很揪心，那妳想要什麼？」

Linda 止住了淚，愁眉不展，沉默不語。

經過了 3 分鐘，Linda 慢慢吐出了幾個字，「我想做點不一樣的。」

教練：「『做點不一樣的』指的是」？

Linda：「我看到整個市場就像是旱田，大家為了水源疲於奔命，不斷萎縮自己，以求共生。然而，這只會讓大家一起枯萎，整個業界、組織都看到了，就是沒人願意面對，還

沉溺於過去的榮景中。」

教練：「所以現在妳想怎麼做？」

Linda：「我要跟董事會表明，如果沒有破釜沈舟的決心，我真的沒意願回到公司。我想開了，就像懷孕生產，孩子一落地，也就逐漸隨著生命之河走上各自的發展了（聲音哽咽）。」

身為高階主管的 Linda，在此生命階段受到的挑戰是，在職場感受到工作的無意義感。工作缺乏挑戰性，無法發揮個人技能和潛力，甚至工作與個人價值觀不相符，加上工作決策讓人感覺無法被他人理解，或者無法與他人建立深刻的連結，這種時候所產生的孤獨感確實令人窒息。如何跟社群有共鳴、尋找有意義的工作、與同事建立關係，或者透過工作之外的活動來尋找滿足感和意義，這些議題是教練當下可以和客戶一起審視與努力的方向。教練可支持客戶尊重個人獨特的體驗，學會在挑戰中成長、尋找支持和意義。同時，這些議題涉及系統性因素，教練除了與客戶一對一工作，也必須納入整個組織系統一起工作，才更有機會獲得突破性轉變。

一、化繁為簡

根據 Russell 對焦點解決取向提出的原則——「化繁為簡」的概念（Russell，2013），客戶本來就擁有相當多的經驗與成

就，這些都是他們寶貴的資本。所以採用客戶本來就已內化的成功策略，當然會比重新導入一套完全陌生的策略更有效。教練要做的是與客戶的目標、價值觀合作，從而確保客戶找到自己的最適方案，而不是聚焦在問題本身。

焦點解決取向教練將重點放在客戶的資源、優勢及個人能力上，協助客戶建構屬於自己的解決方案，並深信客戶本來就擁有許多資源與能力，雖然他們不一定意識到，況且大多數人並沒有善用自己的潛力。焦點解決教練取向教練會這樣問客戶：「當你達成你的目標時，它會對你帶來什麼改變？」「這會對你造成什麼影響？」「短期與長期目標為何？」「如何讓反覆發生的問題得到轉機？」「你擁有哪些資源，比如技能、能力與優勢？」「需要採取的第一步是什麼？」「有哪一些策略可以幫助你達成目標？」

焦點解決教練取向技巧促使每個人無論是在工作中或生活上，都能獲取並運用自身寶貴的經驗、技能、專業及意圖，讓我們找到個人化且最具創意的情境解決方式（Greene、Grant，2003）。

Linda 在經過一連串的教練後，對個人職涯與團隊組織議題已有非常明確的方向與目標，接下來就是協助她創造個人化且最具創意的情境解決方式，因此非常適合運用焦點解決教練取向。

Linda 與董事會經過一番討論之後，成功爭取到董事會的信任與授權，接下來我們一起來看看，她是如何應用教練與組織資源的。

Linda：「教練，公司董事會基本上已經答應要進行組織改革了！」

教練：「妳是如何說服他們的？」

Linda：「我的部分薪水依照團隊績效來計算，我可是展現了最大的誠意（咯咯笑著）。」

教練：「聽起來妳跟投資團隊有很大的進展。接下來有什麼打算呢？」

Linda：「我似乎還沒想得很清楚。」

教練：「『想得很清楚』指的是？」

Linda：「應該是團隊的樣態，像是思維、意志、行為能力等，我要好好想清楚並具體化後，才能在建構團隊中有所取捨。」

教練：「所以我們現在要從哪個方向談起，最能支持到妳？」

Linda：「我好像有個畫面，就是我們3人團隊在客戶端提案，我就坐在角落聽著，而另外2位夥伴清楚報告著，並沉穩回應客戶的疑慮。」

教練：「這畫面背後傳達著什麼訊息呢？」

Linda：「我們是菁英團隊，每個人都可以獨當一面，非核心專業是由外包單位負責，團隊只負責高產值工作，所以團隊行動非常敏捷，基本上，客戶需求我們都能先預想到，並且提出策略。」

教練：「當妳達成目標時，會對組織帶來什麼改變？」

Linda：「團隊重生，既然只剩下幾位資深員工，我打算將較低產值的工作都切割出去，瑣碎的行政工作就找外包公司協助。」

　　教練：「接下來，妳打算怎麼做？」

　　Linda：「先盤點部門的工作與效能，修枝剪葉後，就施肥、灌溉，接著點燃團隊生命力，讓大家都明白自己存在的意義與價值，有意識地在工作上負責、承擔。」

　　教練：「真難想像，前兩週對談時，我們談的是留任與否，而現在妳猶如舞台中央的芭蕾舞伶（Linda 熱愛芭蕾舞），開始暖身，為鎂光燈下的展現做準備！」

二、教練的正向眼光

　　焦點解決取向教練與客戶是相互尊重的、平等、對等合作、共創的關係，視客戶為解決自己問題的專家。教練透過支持性的提問與回饋，促使客戶可以有效運用自身的資源，並了解到自己早已具備充足的技能、優勢與策略，而且可以處理好當前遇到的挑戰。而專注地傾聽，讓客戶聚焦在解決方法上，反映客戶所表現出的能力，讓客戶更能發揮想像力，最後總結陳述客戶一系列獨特的策略，這些是焦點解決教練取向教練的特色。技術，並不是焦點解決教練取向教練的核心，真正讓他們發光發熱的，是在教練關係中深信客戶自己有答案、有能力，教練關係是平等的是一起合作的。

在這場教練關係中，焦點解決取向教練視「有很多想法」或「有很多問題」的客戶為「有很多目標」的客戶，協助客戶梳理出目標，採取有建設性且有幫助的行動，聚焦在客戶當下所偏好的未來。

Linda：「親愛的教練，終於盼到你來了。同事們期待增員，而我決定將部分工作外包，這是南轅北轍的做法。聽到這訊息，他們很擔憂自己沒工作，似乎起了情緒。在這種情況下，我很難傳達願景，而他們也聽不進去！」

教練：「妳似乎已經有些看見與覺察，打算怎麼做？」

Linda：「我可以和他們一一對談，並與團隊達成共識，但公司似乎等不及了，新團隊必須盡快建立。」

教練：「聽起來很緊急，妳需要什麼資源來支持這個目標呢？」

Linda：「我需要董事會願意出聲支持，也需要專業的團隊引導師協助我們建構對話平台，讓大家能夠產出共識與彼此承諾。」

教練：「聽起來妳已經有明確策略了，接下來打算怎麼做呢？」

Linda：「我們來做團隊教練吧！」

什麼是團隊教練（team coaching）？

團隊教練是一種強大而有效的教練技術，能同時改善客戶的

健康、幸福、個人優勢、自我效能、領導素質、團隊建設等（McDowall、Butterworth，2014）。在過去幾十年裡，組織中的教練變得越來越普遍，人力資源和組織發展團隊趨向鼓勵超越對個人目標的關注，來克服組織對變革的阻力（Brown、Grant，2010）。在團體環境中達成共識、聽取各種聲音和不同意見是有價值的，然而，團隊教練必須克服一些關鍵挑戰才能有效，比如意志和意願。如果參與的員工受到脅迫，將難以創建高績效團隊。團隊教練要釐清員工缺乏熱情背後是否有待排除的理由，是否對未來的職涯、重組或變革阻力存在許多的不確定性（Kets de Vries，2005）。

一對一教練不同於團體教練（group coaching），但有時兩者可以成功結合。根據情況需要在方法之間切換是有用且必要的（Anderson 等人，2009）。在組織環境中，團隊教練可以促進團隊建設，並提高領導效率（Goldsmith，2006）。此外，建議由內部教練來執行會更有效，比如找團隊成員或負責人，而不是空降顧問。

Linda：「教練，公司已經同意部門做團隊教練，你建議怎麼開始？」

教練：「我寄給妳關於團隊教練的幾篇論文，看完有什麼心得呢？」

Linda：「我完全同意涉及專業議題的由內部教練執行，

會比找外部顧問更有效。雖然我受過企業內部教練的培訓，然而，在初期仍需要導師、引導師來協助我建構內部團隊教練的模型。你可以幫我嗎？」

教練：「我們以終為始，一起來發想吧！什麼是妳『理想中的團隊教練模型』？」

如何構建團隊教練模式？

在建構團隊教練初期，對於目的、內容和結構有清晰和完整的理解至關重要。以下問題的答案可為團隊教練的規劃和設計提供訊息，將對領導者與教練大有幫助：

- 有多少人參加？
- 你已經有什麼內容了？打算如何分享它？
- 客戶對團隊教練的期望是什麼？目標是什麼？

教練：「很高興我們已產出一個清晰完整的願景與模式。在進行第一次團隊教練時，教練會協助引導成員天馬行空地分享對自己與團隊未來的想像，產出共同願景，並讓個人生涯、職涯與組織願景產生連結。接下來就看妳的了。」

Linda：「聽起來好讓人興奮，期待一切的發生，但我也有些擔憂。」

教練：「擔憂什麼呢？」

Linda：「擔憂自己說得不清不楚，或者結束後會有人想離職，怎麼辦？」

教練:「關於第一個擔憂,妳有什麼好方法?」

Linda:「我想先寫好文字,自己唸唸看,再試著說給我先生和教練聽,並且事先跟老闆溝通,確認內容沒有問題,相關的計畫、時程、評估標準也都訂清楚,這樣應該就能達到 9 分。說起來也不難,就是要花時間。」

教練:「聽起來妳知道自己可以如何說清楚,也有些具體步驟了。」

Linda:「是啊!但這攸關我的聲譽和薪水,我會利用一整個週末好好準備。」

教練:「關於擔憂有人離職,妳怎麼想?」

Linda:「就如同我前面說的,員工考慮過個人生涯與組織願景後,可能會發現兩者無法連結而決定離職,這雖不是我期待的結果,但至少不浪費雙方時間,換個角度想,或許是好事吧!我希望員工能清楚自己要什麼,並且有意識地作出決定,而不是因為衝動。這非常不容易,所以我會給予祝福。經過這個過程,留下來的員工會更往組織與自己的目標邁進,也算是雙贏。」

三、反思與解析

上述案例中,Linda 從大學時期就在這公司當工讀生,半工半讀直到研究所畢業,這是第 N 份工作內容,卻是她唯一待過的公司。15 年的時間,讓她對公司的核心理念與精神既深刻且

活了出來，但也局限了她的視野與想像。在遭遇市場變化與組織變革中，她失去了方向，失去了自己！放下權力留職停薪 1 年期間，教練陪伴她透過「暫停」，從忙亂回到平靜，找回自我察覺能力。這是遠離慣有的思維迴圈、反應框架和行為模式的必要步驟，也是得以邁開未來心之所向的行為模式。

Linda 回歸半年後，即遭逢新冠疫情，公司認為這組織變革來得太是時候了，至今兩年多來，組織定期進行的團隊教練成為人人期待的時刻，變革對團隊來說已經是個進行式，團隊一致認同毛利已經無法回到過去榮景，然而，團隊上下一心、共榮、穩步前進才是最大的禮物，甚至公司已經在規劃建立養生村，讓員工退休後還能相互照顧，一起歡喜過日子。

在這段對話中，Linda 看見自己的擔心，也看見新的可能性。焦點解決取向只看正向的地方，認為問題與機會同時存在，Linda 轉換不同角度看待這件事情，相信留任的同事在目標上會與團隊更加齊心。

教練在支持 Linda 建構組織內部團隊模型時，運用了以下幾個理論與模式。這些模式可以幫助我們快速有效地建構模型基礎、實務操作，將目標、需求結合起來。

O'Connell（2001／2004）提出三步歷程模式（three-step process model），能夠有效地運用在團隊教練工作，說明如下：

1. **談論問題**：首先由團隊中的報告者提出團隊的困擾。為了澄清問題，在此階段，報告者要用 1 個字詞來總結問題，以作為明確的重點。帶領者以提問幫助報告者準確說明他們在相關問題

中的目標。

2. **談論未來**：第二步是勾勒美好的未來，想像成功看起來是什麼樣子。

3. **談論策略**：最後的階段是提問，幫助報告者界定有用的解決及小步驟。團隊成員傾聽著，同時也回饋報告者帶入的資源。

Andersen（1991）透過不同督導方式進行實驗，提出焦點解決反思團隊（solution-focused reflecting team）。Norman（2003）根據 Andersen 提出的概念，又整合為反饋團隊模式，被廣泛地應用在焦點解決團體教練，在此用來支持 Linda 提出「團隊反思」的需求，包括 6 個步驟：

1. 準備（preparing）
2. 報告（presenting）
3. 澄清（clarifying）
4. 肯定（affirming）
5. 反思（reflecting）
6. 結論（concluding）

在準備與提案階段，提案者描述現在的問題與過去所做的，團隊詢問焦點解決的問題來澄清其了解；團隊成員對提出者給予肯定、欣賞；每個人輪流提出反思，最後的結論由報告者簡要說明。焦點解決反思團隊十分能善用時間，且將時間的效益最大化，這種方式不必有督導全程控場，團隊所有人都能輪流獲得支

持,這個模式已是教練、建構學習與企業管理的重要工具之一（Mocdonald,2022）。

作為團隊教練,理解與應用團隊的動力是成功關鍵,也是團隊教練一生懸命的修煉。在團隊教練中,可以透過這些提問來認識其動力,教練引用 O'Connell 等人在 2012 年發表的提問內容為基礎,也是在此應用的第三個重要理論,其內容如下:

1. 團隊的宗旨與目標是什麼?
2. 何以團隊要參加焦點解決教練?是志願的?
3. 團隊表現如何?
4. 他們做為一團隊的優勢是什麼?
5. 團隊面臨什麼挑戰?
6. 誰是團隊管理者?他們扮演什麼角色?誰是團體成員?他們扮演什麼角色?
7. 誰是團隊成員,他們的角色是什麼?
8. 當前的團隊文化、氣氛是如何?

最後,團隊教練效果為何是客戶最在意的,Mocdonald（2018）認為 360 度回饋方式已被證實是一種簡單、有效的書面回應工具,他建議問卷由同仁填寫完後投入信箱。問卷的問題很簡單,例如:

1. 請在下列直線上做個記號,記錄你在過去 1 年中與 ＿＿＿ 小姐／先生互動的分數。

0 非常差＿＿＿＿＿＿＿＿＿＿＿＿＿＿＿＿＿＿10 好得不能再好了

2. 在接下來的 1 年裡，什麼樣的一個改變，會使你的分數提高 1 分？

3. 若願意請提供名字與職稱：＿＿＿＿＿＿＿＿＿＿＿＿＿＿。

360 度回饋在許多教練文獻與實務中都受到重視，以焦點解決教練的觀點來看 360 度評估是很不同的，問卷要產出包括優勢及發展的區域，帶出優勢、資源與重要的解決，以幫助個人達成改變。

焦點解決團隊教練不僅注意個人的優勢，也要注意團隊的優勢，特別在每一次團隊教練會議中，管理者的角色很重要，要確認他在團隊中是舒適的且能帶入焦點解決教練，並且受到支持，接著在團隊教練歷程中，教練與成員時時保有重新思考、更新個人觀點的能力，就能讓團隊教練推升到另一個境界。不要問我是什麼境界？去做吧！

近年來，在企業組織人才發展的個案中，教練時常被問到「團隊教練」（team coaching）和「團體教練」（group coaching）的異同，這兩者在目標、範疇和應用方面存在本質上的差異，說明如下：

1. 對象和目標

團隊教練：主要針對整個團隊，旨在提高整體團隊效能、協

作和成就目標。焦點通常是團隊的動態、互動和達成共同目標的能力。

團體教練：可能是針對一個更廣泛的群體，不一定是一個明確的團隊。目標可能是個體在群體中的成長和發展，也可以是群體中的合作和互動。

2.焦點和範疇

團隊教練： 注重整體團隊的表現、協作、溝通和目標達成。教練可能會協助團隊解決衝突、提升溝通技能、建立共同願景等。

團體教練：可以涵蓋更廣泛的主題，可能包括個體目標的實現、自我發展、人際關係等。焦點更可能是個體在群體中的角色和貢獻。

3.動態和互動

團隊教練：強調整體團隊的協同作業，以提高整體效能。教練可能會觀察團隊動態，並提供指導以改善協作和溝通。

團體教練：可以更注重個體在群體中的動態，並促進成員之間的相互支持和學習。

4.結構和形式

團隊教練：可能更加結構化，注重整體團隊的目標和工作計畫。教練可能會直接參與團隊會議和活動。

團體教練：可能更靈活，允許成員共享和學習，而教練則提

供支持和引導。

如何知道自己或組織需要的是團隊教練還是團體教練？從事多年團體與團隊教練工作的 Kathryn Eade（2022）提出簡單而快速的測試，問問自己以下問題，如果回答「否」，那麼你可以進行團體教練；如果回答「是」，那麼你可以選擇團隊教練：
1. 個人是否有明確的共同目標？
2. 個人是否緊密合作以實現這些目標？
3. 他們是否定期開會檢視績效並反思如何改善？

整體而言，兩者都是以群體為單位的教練方法，但它們的焦點、範疇和應用方式有所區別。團隊教練更注重整體團隊的效能，而團體教練則更加以人為本，除了組織績效，更注重個體在群體中的發展。這兩種教練模式各有所長，選擇任一模式，都可依照目標、時程、資源等系統性評估，得到當下最適方案。

CHAPTER 11

AI 世代人資主管的
挑戰與跨越

Alison 是一家跨國企業人力資源部門（以下簡稱 HRD）的主管，負責人力資源發展。最近，由於公司正在推動大規模的數位轉型項目，Alison 感到越來越焦慮和擔憂。數位轉型引發了一系列變化，這使她感到不安，甚至撼動多年來在公司內建立的良好聲譽。她意識到她需要更深入了解 AI 和數據分析，以因應數位轉型帶來的技術變化。她收到了一些員工的回饋，表達對未來的不確定和對工作變化的擔憂，這也加重了她的負擔。加上數位轉型項目的需求增加，Alison 感到工作負荷沉重，總是處於高壓之下。

　　同事們注意到 Alison 的情緒有些不尋常。她在工作會議中經常心不在焉，下屬們也感到她對他們的需求不再那麼敏感。

　　主管 David 看見 Alison 的焦慮，邀請她午休時一起用餐，談談如何支持這位資深績優的主管。

一、數位轉型下的工作壓力

　　David：「Alison，我注意到妳最近似乎有些焦慮和擔憂，願意和我分享一些妳的感受嗎？」

　　Alison：「是的，我真的很焦慮。這個數位轉型項目讓我壓力很大，我擔心自己的技能不足以因應這些變化。」

　　David：「也許我們可以一起設計一些支持方案，幫助妳更好地管理工作負載，同時為員工提供支持。我們可以實施一些情緒支援措施，幫助他們應對變化。」

Alison：「這聽起來是個好主意。我真的很感謝你的關心和建議。」

在接下來的幾個月裡，David 為 Alison 聘請了外部教練，並且給予情緒支援措施，以幫助她的團隊因應變化。這個支持過程幫助 Alison 轉變了焦慮信念，她開始更有信心地面對數位轉型的挑戰，並積極推動項目的成功。同時，其他員工也感覺得到了支持，能更好地因應變化。這個故事強調了同事之間的支持和信任的重要性，可幫助彼此克服工作上的焦慮和挑戰。

二、從焦慮移動到目標

教練：「Alison，前陣子我們聊過妳最近感到焦慮和擔憂的情況。我想先確定妳知道我很關心妳，而且我們可以一起找到解決方案。」

Alison：「謝謝你。我真的很感謝你的關心。我最近確實感到有壓力，不太確定如何應對這些變化。」

教練：「我理解，這種變化可能讓人感到不安。我很願意跟妳討論如何應對這些變化。」

Alison：「我特別擔憂我需要提升技能以因應 AI 新技術的部分，也擔心員工的情緒，他們似乎也感到不安。」

教練：「妳能細膩觀察員工的感受，還有覺察自己的心情。其實在這樣情況下，多數主管都會有同樣的焦慮和擔

憂。現在,讓我們來看看妳的目標,在這個情況下,妳希望自己能夠做到什麼呢?」

Alison:「我想要提升技能,並確保下屬能夠感覺受到支持和理解,以更好地應對這些變化。我也希望減輕自己的工作負擔,好適當地處理壓力。」

教練:「這聽起來像是具體的目標。我們可以開始制定行動計畫,幫助妳實現這些目標。能不能說說妳過去面對變化與壓力時,通常是怎麼應對的?」

在這段對話中,教練運用焦點解決取向的技巧,建立了一個開放的對話環境,讓 Alison 對自己的負面感受產生普同感、正常化,轉移看待自己問題的觀點。接著,教練協助她設定目標,當一個人可以說出自己想做到的事情時,也就能梳理出目標了,接下來要做的便是具體化,並且相信她身上有應對的能力與經驗。焦點解決取向的教練心懷這種相信客戶的思維,就能問出好問題,與客戶致力於尋找過去應對焦慮的方式。這種方法有助於建立客戶和教練之間的信任,專注於找到解決方案,更能在對話中傳遞對人的信任與信心,而不是僅僅抒發情緒或討論問題。

三、重新架構「不確定性」

以下 Alison 和教練之間的對話,重點是重新看待不確定性,以及喚醒過去成功自我照顧的正向經驗與感受。

教練：「我們聊過妳最近感到焦慮和擔憂的情況。我想更深入了解一下，妳對於不確定性是如何面對、應對的。」

Alison：「不確定性讓我很焦慮，我擔心我不夠了解新技術，也擔心員工情緒不穩定。」

教練：「這完全可以理解。不確定性通常會引發焦慮感。不過，妳能不能回想一下，過去是不是也面對過類似的情況，而且成功克服了挑戰呢？」

Alison：「有的。有一次，我們公司進行了一個大規模的組織重組，當時我也感到很不確定。不過，最終我們成功地因應了，而且我的團隊也在這個過程中茁壯成長。」

教練：「這真是一個很棒的例子，妳成功克服了過去的不確定性。在那一次經驗中，有什麼關鍵的做法，對這次挑戰可能是有幫助的？」

Alison：「確實是有的。當時，因為不確定性很高，所以我盡可能把自己能做的都掌握好，至於不能掌控的，我也不是都放著不管，而是與同仁討論幾個方案，以備不時之需，這樣因應，我才能隨機應變，也讓我的同仁安心。我想我應該更有自信些，因為我有能力應付這些變化。」

教練：「所以不確定性讓妳有更多準備與應變方案，也提醒妳找到方法穩定員工的心。有妳一起應對當前的挑戰，同仁們一定很安心。」

Alison：「你說得對，原來不確定性不是壞事，我從沒這樣想過啊！現在想想，雖然會焦慮，卻拉近我與同仁的距

離,也提高我們的應變力,生出了好幾個備案。」

教練:「是啊!另外,我也很關心在高壓環境中,妳都用什麼情緒管理策略或壓力處理的技巧,以確保在工作中能保持冷靜和平衡?」

Alison:「我通常會嘗試深呼吸和做瑜伽,但最近很少有時間這樣做。你這樣一問,倒提醒我可以再試試過去對我有幫助的方法。」

在這段對話中,教練重新架構了「不確定性」的意義,幫助 Alison 轉換思考的角度,看見不確定性能使大家有更多準備,也拉近同仁共同投入、應變挑戰。此外,教練也引導 Alison 回憶過去的成功經驗,以幫助她因應當前的不確定性。有時客戶不是做錯,只是沒有重複做對的事。教練不需要建議、教導,而是詢問 Alison 過去採用的情緒管理和壓力處理的技巧,Alison 自己就能找到解方。在焦點解決教練取向中,厲害的不是教練,教練也不是要教導,或給予客戶解決方式,而是在對話過程中讓客戶重拾信心,看到一直在自己身上的正向經驗與能力,從而有更多能量面對本次挑戰,邁向解決。

四、訂定合理的目標

以下這段 Alison 和教練的對話,將探詢過去的例外與成功經驗,從困境轉而討論可用資源、可貴的能力與特質,並且訂定具

體、可行、合理的目標。

教練:「我們之前討論過妳最近的焦慮和擔憂,知道妳對於新技術和工作負載感到擔心,是否可以告訴我妳對這些困難的想法?」

Alison:「一直以來,我都覺得自己可能不夠聰明或不夠有能力學習這些新技術,擔心自己跟不上,這是我感到最有阻礙與挑戰的地方。」

教練:「謝謝妳坦誠分享這些想法。這是一個常見的感受,我們可以一起來挑戰這些信念。妳是否能想到任何過去的經驗,足以證明妳的能力和聰明才智?」

Alison:「記得有一次,我參與了一個複雜的專案,一開始也覺得自己不行,但最終我們成功完成了任務。」

教練:「那時,妳的哪些特質或能力發揮了作用?」

Alison:「我沒放棄,而且一再嘗試,最重要的是我不恥下問。雖然 AI 科技日新月異,但我很願意請教別人。」

教練:「妳可以如何善用這些特質與優勢?」

Alison:「我想這次依然可以試試,我只是遇到新的困難,但還是擁有解決能力。」

教練:「這真是太棒的想法了,即使環境帶來新挑戰,讓妳一開始感到不確定,但妳仍然有能力因應挑戰,最重要的是妳體認到自己身上也有這些重要特質。現在,讓我們一起設計一個行動計畫,來幫助妳應對新技術和工作壓力。妳

有想到可以採取的第一步行動嗎?」

Alison:「我想第一步是確定我需要學習的具體技能,然後找到相關的培訓課程。還有,我也需要制定一份時間表,確保我有足夠的時間學習。」

教練:「這是一個很好的計畫。確定學習目標和時間表,就邁出了重要一步。我們可以一起查找適合的培訓課程,並確保它們符合妳的需求。還有別的嗎?」

Alison:「我需要在學習過程中面對壓力,確保自己能保持冷靜和專注。」

在這段對話中,教練幫助 Alison 挑戰她的負面信念,兩人也共同制訂了具體的行動計畫。教練強調了 Alison 過去的成功經驗,以建立她的信心,並引導她採取第一步來因應挑戰。這個方法有助於客戶積極地面對問題,找到解決方案,並且實現他們的目標。

五、盤點資源

以下教練對話的重點是協助 Alison 持續被支持、追蹤行動效益,以及積極地盤點和使用既有資源。對話內容如下:

教練:「Alison,我們已經設計了幾個行動計畫,來幫助妳因應新技術和工作壓力。現在,我們應該考慮如何持續

支持妳,以確保妳能實現這些目標,好嗎?」

Alison:「好的,我認為持續的支持對我來說很重要。我擔心在執行計畫的過程中會遇到困難。」

教練:「完全理解。我們可以安排定期的追蹤會議,這樣就能一起評估進展、解決任何困難,並調整我們的策略。妳覺得多久開一次會對妳比較有幫助?」

Alison:「也許每兩週一次會比較好,這樣我們可以更密切地追蹤進展。」

教練:「好的,我們就每兩週開一次會。我們還可以定期進行積極的盤點,看看妳已經取得哪些成就,並確保妳在正確的軌道上。妳認為哪些方面是我們應該特別關注的?」

Alison:「我認為我們應該關注我的技能提升進度,以及我在幫助員工因應變化方面所做的事情。如果有任何新的資源或培訓課程,也請提醒我。」

教練:「這聽起來很合理。我們將會密切關注這些方面,並確保妳得到我們所需要的資源。如果妳需要任何額外的支持或資源,請隨時告訴我,我們將竭盡所能協助妳。」

六、對話過程

在這段對話中,教練使用焦點解決取向的技巧,確保 Alison 在實施行動計畫的過程中持續得到支持和追蹤。他建議定期進行追蹤會議,協助行動順利進展,同時鼓勵積極地盤點和使用資

源,以幫助客戶實現目標。這種方法有助於確保客戶在整個過程中感覺受到支持,並有機會糾正任何問題或困難。在這過程中最關鍵的地方整理如下:

1. 建立信任和開放的對話:首先要營造一個安全的環境,讓客戶感到舒適,而安心地分享他的擔憂和焦慮。建立信任是解決問題的第一步。

2. 問候情感和情緒:問客戶感覺如何,了解他焦慮或擔憂的來源,比如可以問「你最近感覺如何?」或者「你對現在的情況有什麼擔憂?」

3. 明確目標和期望:問客戶他的職業目標和期望是什麼,以確保了解他的需求和目標。可以問「你希望在職業生涯中達到什麼目標?」

4. 挑戰不確定性:討論不確定性和變化是不可避免的,問客戶如何看待變化,以及他是否有策略來因應不確定性。

5. 過去的成功經驗:問客戶過去的成功經驗,以幫助他回顧自己的能力和應對困難的歷史,可以問「你過去如何因應類似的挑戰?」

6. 情緒管理和壓力處理:討論情緒管理技巧,比如冥想、呼吸練習或運動,以幫助客戶更好地處理焦慮和壓力。

7. 挑戰負面信念:詢問客戶是否有任何負面或不現實的信念,可能正在影響他的情緒和行為,然後一起思考這些信念是否真實和有根據。

8. 制定行動計畫:與客戶合作制定一個具體的行動計畫,以

因應焦慮和達到他的目標。確保計畫包括具體的步驟和時間表。

9. **持續支持和追蹤**：承諾提供持續的支持，確保客戶在執行行動計畫時不感到孤單，也要安排定期的追蹤會議，以評估進展並調整策略。

10. **提醒有用的資源**：推薦相關的資源，如培訓課程、專業指導或自助工具，以支持客戶的專業和個人發展。

最重要的是，作為一位教練，角色是引導客戶找到自己的答案和解決方案，並提供支持和鼓勵，以幫助他轉化不確定性和焦慮的信念。教練面對焦慮、不安的人資主管 Alison 時，試圖透過以上方式幫助她，提出相應的問題來支持她重新建構。重新建構，主要奠基在理解客戶的知覺上，協助客戶重新定義問題，或從不同角度協商目標，抑或發展出不同解決角度與行動等，引導客戶從第一序觀點移動到第二序的改變，解決方法就不僅限於原來的問題定義與解決方式。重新架構讓客戶開啟更多可能性。

七、焦點解決取向教練的要素

當企業教練面對焦慮的客戶，焦點解決取向有幫助的要素，可以作為對話參考，例如：

1. **尊重客戶的獨特需求**：每個人都有不同的需求和應對焦慮的方式。確保你的方法和建議考慮到客戶的個人差異。

2. **傾聽技能**：學會傾聽，不僅要聽客戶說的話，還要理解他們的情感和感受。有效的傾聽有助於建立更好的連結。

3. **避免負面評價**：不要貶低或評價客戶的情感，而是提供支持和理解。避免使用帶有貶低性質的詞語。

4. **幫助建立情緒智力**：提供資源和建議，幫助客戶提高情緒智力，這有助於更好地管理情感和應對壓力。

5. **鼓勵自我關懷**：強調自我照顧的重要性，包括良好的飲食、運動、睡眠和休息。這些對於減輕焦慮和提高壓力容忍度都很重要。

6. **推崇積極思維**：鼓勵客戶尋找積極的角度來看待困難和挑戰，幫助他們將焦慮轉變成行動的能量。

7. **協助設定清晰目標**：幫助客戶設定具體、可測量和可實現的目標，以確保他們有方向和動機。

8. **教導應對策略**：提供壓力管理和焦慮應對策略，如深呼吸、冥想、正念等，以幫助客戶自我調節情緒。

9. **韌性培訓**：教導客戶發展韌性，使他們更能適應變化和壓力，並在遭遇困難時迅速恢復。

10. **參考專業支援**：如果客戶的焦慮或擔憂嚴重影響到工作和生活，要建議他們尋求專業的心理健康支援。

最重要的是，企業教練應該以尊重和同情的態度來處理客戶的情感需求，並與他們合作，以幫助他們找到可行的解決方案，讓職業和個人生活更能達到平衡。

由以上案例，我們看見在 AI 世代人力資源發展面臨許多挑

戰和難題：

1. **技能演進**：隨著 AI 和自動化技術的快速發展，員工的技能需求正在不斷變化。HRD 需要確保員工能不斷升級和學習新技能，以保持競爭力。

2. **資料隱私和安全**：AI 使用大量數據進行訓練和預測，這引發了資料隱私和安全的問題。HRD 需要確保公司遵守相關法規，並保護員工的個人信息。

3. **自動化和人員替代**：自動化技術可能會導致一些工作被機器替代，這可能對員工的就業和職涯造成不確定性。HRD 需要幫助員工應對這種變化，可能包括轉職培訓和職業規劃。

4. **現有技能**：AI 可以用來提高員工的表現，但需要合適的培訓和支持。HRD 需要確保員工充分利用 AI 工具，並了解如何最大程度地受益於它們。

5. **人工智慧偏見**：AI 系統可能存在偏見和不公平性，這可能對招聘、晉升和績效評估等方面造成問題。HRD 需要確保公司的 AI 系統公平且透明。

6. **數據分析能力**：HRD 需要提升自身的數據分析能力，以更加理解員工需求和公司績效，並提供更有效的解決方案。

7. **員工參與和滿意度**：HRD 需要思考如何利用 AI 來提高員工參與度和滿意度，以確保員工保持高度投入和忠誠。

8. **倫理和道德**：AI 在決策過程中引發了許多倫理和道德問題，包括隱私權、透明度和公平性。HRD 需要參與公司的倫理討論，確保 AI 應用符合道德標準。

八、AI 世代下組織的因應

總之，HRD 在 AI 世代面臨著許多挑戰，需要不斷地調整策略和實踐，以因應這些挑戰，並且確保公司的人力資源管理與時俱進。

在現今世代，一位優秀的跨國組織 HRD 專業人士需要具備多方面的條件和能力，以因應全球性的挑戰和要求，例如：

1. **國際觀念和跨文化敏感性**：跨國組織的 HRD 需要理解不同文化之間的差異，並具備跨文化敏感性，以確保人力資源策略和培訓計畫在全球範圍內都能成功。

2. **戰略思維**：能夠將人力資源發展與組織的戰略目標相結合，並為實現這些目標提供戰略性建議。

3. **領導和管理能力**：需要在團隊中提供領導和管理，並能夠協調不同國家和地區的團隊成員。

4. **人才管理**：能夠吸引、保留和培養優秀的人才，並確保組織具備適當的人力資源。

5. **培訓和發展**：建立培訓和發展計畫，以確保員工具備所需的技能和知識，以適應快速變化的環境。

6. **全球法規和合規性知識**：跨國組織須遵守各國的法律和法規，完全了解並遵守這些法律，以減少法律風險。

7. **數據分析和技術技能**：能使用數據分析工具，以評估員工表現、培訓成效和組織趨勢，並在需要時使用相關技術工具。

8. **危機管理和解決問題**： 在不同的文化和環境下，可能會

出現問題和危機。HRD 要具備危機管理和問題解決的能力，以因應這些情況。良好溝通技巧對於在不同文化背景下有效與員工和領導層溝通至關重要。

總之，跨國組織的 HRD 需要具備廣泛的技能和知識，以確保他們能夠成功地管理和發展組織的人力資源，並在全球範圍內實現業務目標。多數企業的 HRD 往往是老闆經營班子裡的中流砥柱，當老闆拿不定主意時會找其商量。真正影響 HR 職業段位的，恰恰不是 HR 的能力，而是必須跳出專業深井，站在經營者、總經理的視角來想問題和做事情。優秀的 HRD 能夠提升自身的格局和高度，具備像總裁一樣的知識結構，才能真正與業務並肩作戰。他們必須先走在未來，為組織準備 5 年、10 年後所需人才。

身為企業教練除了要不斷翻轉思考、調整觀點，專案成敗 HRD 更是關鍵，兩者互為表裡。一位優秀稱職的 HRD，思考與談論的不僅是個人，也要顧及公司整體與企業發展的問題、企業的本質、戰略問題等，他們解決問題的焦點是從組織和人的角度來思考策略，這觀點與焦點解決取向非常契合一致，不僅要顧及個人，也看到整體，不只處理關係，也處理系統，這樣宏觀的眼界與思維，是教練可以協助 HRD 的方向。

CHAPTER 12

焦點解決取向教練的成長歷程

張如雅

當今企業面臨的挑戰越來越複雜，領導者需要更有效的方法，來解決問題和激發團隊潛力。焦點解決取向提供了一種高效的途徑，透過聚焦於解決方案而非問題本身，幫助企業領導者在短時間內實現突破。這本書旨在引導那些準備好學習教練技術的讀者，運用焦點解決取向教練的方法，實現個人與企業的雙贏。無論你是企業主管還是職場新手，焦點解決取向教練都能幫助你釋放潛能、實現目標。讓我們一起鍛鍊這種積極有效的方法，以創造一個更加美好的工作環境和未來。

本書提供詳細的執行步驟，幫助企業從零開始建立焦點解決取向教練文化。從初期評估到目標設定，直至教練過程中的每一個細節操作，都將一一介紹。我們希望撰寫一本能真正滿足初學教練者的書籍，讓讀者在學習教練歷程中有所依循，發揮出更大的力量，創造出超乎預期的效益。期許這是一本能帶給個人、企業、社群正向力量的教練參考書。

請想想：在你的管理過程中，曾遇到哪些挑戰是能以焦點解決取向教練克服的？你是否試過這種方法，如果有，效果如何？

回想二十多年前，我所在的組織導入教練時，內部經歷了許多質疑和挑戰。然而，正是透過不斷的實踐、反思與優化，才逐漸找到適合個人的教練理論與實踐脈絡，並見證了組織、員工的成長和變化。這段歷程不僅豐富了我個人的專業技能，也讓我更加堅定地相信焦點解決取向教練的價值，進而萌升將這些理論與實務案例集結、分享給教練同好們的念頭。

以下分享我多年來在焦點解決取向教練過程的心得。

一、給焦點解決取向教練的小訣竅

(一) 教練歷程中的核心精神

1. 客戶的方法如果有效,就不須改變。
2. 客戶與教練所做無效,就做些不同的事情。
3. 相信解決之道就在客戶的經驗之中。
4. 教練沒有所謂的失敗,客戶的回饋是一種能量。
5. 每一次與客戶進行教練都是最後一次或唯一一次。

(二) 焦點解決取向教練理念

1. 強調正向積極面與問題解決方向。
2. 關注問題未發生時的例外。
3. 相信改變永遠在發生。
4. 小改變會帶出大改變。
5. 沒有抗拒的客戶,只有還沒找到如何合作的客戶。
6. 客戶與教練是一個合作的團隊。
7. 客戶有足夠資源解決自己的問題。
8. 教練是催化客戶找到目標,而客戶才是自己問題的專家。

　　焦點解決取向教練的核心精神包括:幫助客戶想像、釐清希望事情如何改變、往哪裡發展,以及覺察到要發生什麼事情(行動)才會產生這樣的改變與無論客戶起始點為何種人,都將經歷

這些歷程，而找到內在渴望與期待成為的樣子。因此無論客戶是非自願、受害者或自願者，是因為什麼緣由來到焦點解決取向教練現場，都已經不重要了。教練歷程焦點在於可能發生的事，教練不需要了解客戶的經歷或問題，只需要確認在教練過程中想達到的目標，因此焦點解決取向教練是以一種正向的、完全相信人有能力建構適當解決方法的精神，來提升個人的生命品質。

實務上，通常焦點解決取向教練的會談大約在 4 至 6 次完成，次數與時間取決於客戶的教練目標，有許多客戶只被教練 1、2 次，就開展出自我賦能的旅程。教練會協助客戶把注意力放在成功時刻，運用曾經做過的有效方法，在最短時間內，找到解決問題的方法，將焦點放在行為的改變，以達到焦點解決取向教練的目的。

焦點解決取向教練在開啟對談前，最注重的是「客戶想要去哪裡？」因此確認、澄清目標是第一要務，就像開車前往陌生地方前設定導航地圖時，必須先輸入目的地一樣。

設定焦點解決取向教練的目標時，應注意以下 3 點：

1. 要使用「正向」（positive）、可行的敘述語言。

2. 以「動態」（process）的方式進行描述，宜具體、明確、行為化。

3. 目標設定要由容易做到的小步驟開始，小改變可以帶出大改變。

設定焦點解決取向教練的行動時，應注意以下 4 點：

1. 行動要是此時此刻（here and now）可以「立刻開始」或可以「繼續」去做的。

2. 目標要落在客戶生活中「可行」、「可控制」的範圍內，而非無法達成的夢想。

3. 採用客戶描述事件的語詞或語言，貼近其思維脈絡進行。

4. 行動、目標是需要客戶花費心力去完成的，以達到自我賦能效果。

相信在教練歷程中，一位不斷成長、不斷與客戶共同創造奇蹟的教練，一定會有許多自我懷疑或不確定性的情況發生，我也是這樣的。以下是我多年來在 SFBT 教練過程中，與督導們共同整合出的重點，有助於在教練歷程中自我檢核又不失中道，希望可幫助大家自我反思：

1. 釐清客戶想要的是什麼？
2. 哪些事情是客戶需要考慮清楚的？
3. 客戶還可能產生什麼新的想法？
4. 「以終為始」，先聚焦在比較小的、實際可完成的正向改變上。
5. 引導客戶改變（但不能干預客戶的目標方向）。
6. 觀察客戶如何描述現象與如何行動（兩者相互牽引）。
7. 觀察問題的意義存在於客戶的哪些反應中。
8. 客戶對目標的描述與行動，對客戶生命系統中的哪些人、事、物可能造成影響？

二、專業教練是個人生命精進的歷程

無論你是教練領域的新手或正在學習教練技能,抑或已是一位專職教練,隨著時間和經驗的積累,與志同道合的同儕切磋、聘請督導們的支持,對專業上的精進更形重要。這些鍛鍊將使你更專注於客戶,更有覺知與智慧因應教練過程中的種種壓力。

專業教練成長的另一個要素是:試著融入更多元的系統觀與全人能量,藉此激發自己和客戶的想像力與創造力,以更加敏捷和智慧的方式因應各種挑戰。當一位教練不斷突破與成長時,會顯現出許多有力的證據,例如:能更靈巧地處理重要但複雜的議題、對自身投入的過程有更多覺察、理解各系統間最適宜的關係和能量組合。在這個歷程中,我們將培養出強大的推斷力和靈活的感知力,能夠在面對各種錯綜複雜的問題時,保持沉著應對。最終,我們將更能享受教練的角色,體驗到掌握而不被箝制的內心平靜與祥和,達到身、心、靈的和諧。

Who You Are, How You Coach!

CHAPTER 13

焦點解決取向於教練領域的實踐與挑戰

林烝增

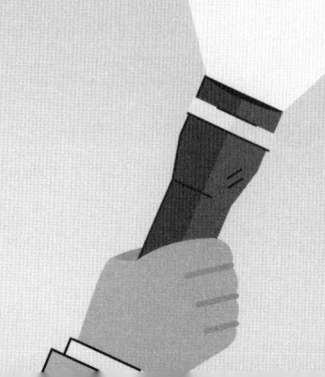

一、焦點解決教練取向高效協助客戶改變

我從 2019 年開始接受國際教練聯盟台灣總會的邀請，為資深教練們提供焦點解決取向的繼續教育訓練，以及在企業諮詢中實踐 SFBT 的方法，並持續為進修焦點解決取向的教練們提供督導。在這過程中我發現，許多資深教練雖然沒有受過系統性心理學背景訓練或完整諮商訓練，卻擁有嫻熟的對話技巧與企業管理經驗。

可惜的是，許多教練在實務教練工作上雖各自有「術」，但缺乏整體的「道」，作為其對話的理論基礎與人性觀、哲學觀等。焦點解決取向將這群教練在不同地方學到的百家之術作了整合，與其說它是一套問話技術，不如說它整合了人對「問題」的看法、對「解決」的哲學觀，最重要的是，不同提問彰顯出對改變的看法。

資深教練時常在組織裡與高階主管工作，引導高層作出關鍵的營運決策，幫助他們能因應大環境困境，達成個人目標與組織目標，並協助員工在工作、生活、關係上取得平衡等。在這些教練對話過程，能協助客戶往個人目標覺知與往內在探索，也就是能協助客戶帶來改變。除了臨床症狀處理與診斷之外，教練透過焦點解決取向，能夠有效協助客戶發生改變。

近年心理治療已演變為獨立學門，流派眾多，心理治療趨勢從傳統著重過去，轉為關注「此時此刻」，再到未來導向。在不同流派中，教練取向也結合了不同心理治療理論，可幫助現代人

改善工作方式。儘管流派不同，但條條道路通羅馬，只要改變，就是有效。

本書也一樣，解決與改變絕不是只有一種角度，解決問題沒有固定的順序，就像本書你可以挑選自己需要的章節來閱讀。我在工作坊教授這些內容時，許多初學者表示自己很難想到優美而有力的問句，其實重要的是「心法」，當你理解焦點解決取向對人、對改變的看法與角度，在這樣的方向與信念下，去欣賞且好奇客戶何以看重此目標、有什麼優勢，哪些困境需要突破、化解問題會帶來什麼差異、過去採用什麼方法有效……等，自然就能問出簡單而有力量的問句。

二、學習焦點解決教練取向常見的挑戰

在督導中，我發現許多初學焦點解決取向的教練，實務上容易遇到的挑戰有下列層面：

（一）糾結於夠不夠「同理」

教練工作與心理諮商一樣需要協助客戶觸及自己的感受，SFC 取向的教練也重視同理客戶，卻需要多運用認知行為的層次去連結，並且帶動客戶進入行動。某些新手教練或心理師，想要兼顧探索客戶的情緒感受，鼓勵他們表達情緒，卻陷入大量負面情緒表述下，而無轉移到自身優勢，也連結不到客戶的個人目標。督導過程中，許多受督者常問我，到底要多同理個案才足

夠?這是在助人工作與剛學焦點解決取向時較容易迷失的地方。

焦點解決教練模式重視客戶的知覺,不是光揀選負面情緒進行同理,還要透過了解客戶如何看待問題、如何期待解決,透過自然的同理,協助客戶在對話中從對問題的抱怨與情緒,轉移到聚焦於自己的經驗、能力與資源、目標,以引導客戶踏上解決之路。(林丞增、陳韻琴,2022)

De Shazer 與 Miller(2000)曾提到焦點解決取向對於情緒的處理,情緒往往是被語言所描述與定義,情緒其實就是一種社會脈絡。

Grant(2019)認為人們有被聽到的需要,問題需要被傾訴出來,他提出「宣洩波」(cathartic wave)的概念,如圖 13-1。焦點解決取向教練的技能,取決於在進入問題解決對話前,能花費最少時間達到宣洩階段,然而,有些焦點解決取向的新手教練似乎都很怕問題取向對話。如果對話突破宣洩波的最高峰,會引來問題飽和,而太早介入問題解決,則容易與客戶產生疏離,他建議教練不需要擔心與客戶談問題,只要順勢騎上宣洩波,在客戶情緒有所宣洩但未達飽和時,引導討論客戶想要的目標和解決方式。

其實,在教練對話中,「剛剛好」的同理,讓客戶有所宣洩、情緒有所消散,再導入解決式的提問,這樣不僅能夠朝向客戶期望的目標前進,也能帶來積極正面的情緒。(林丞增、陳韻琴,2022)。

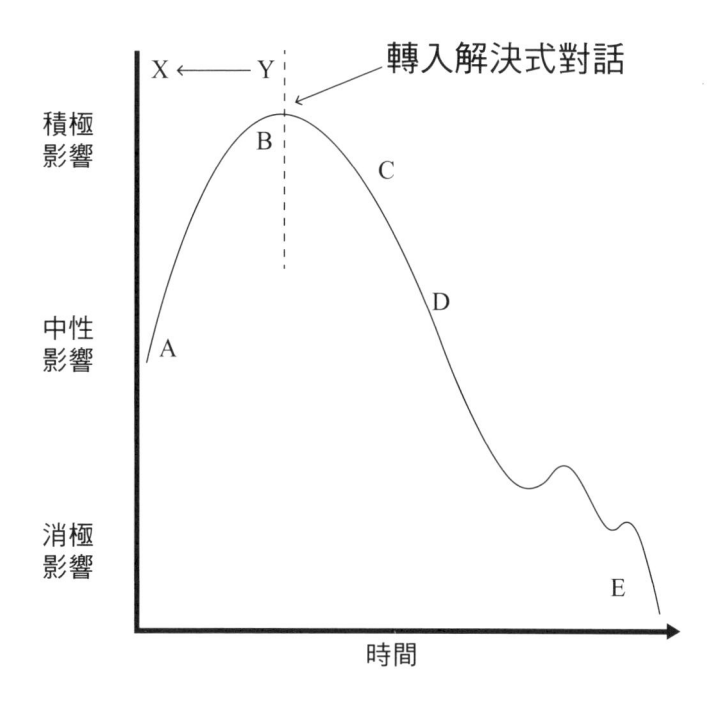

圖 13-1 宣洩波

引自：Grant (2019), Solution-focused coaching:The basics for advanced practitioners. *The Coaching Psychologist*, 15(2), 47

（二）過度探索過去議題與內在經驗

許多心理師在轉移教練工作時，容易在探索過去與現在、未來的時光區之間掙扎。教練工作往往無法長期、多次地工作，因此在協助客戶連結過去與現在目標之間，需要有流暢的轉換。如同 Smith（2012）所言，教練初期工作必須找出客戶過去史和生活重大事件，過去史不是禁區，只是被帶進教練工作的比例遠低

於心理治療。Smith 指出教練工作具有未來導向的觀念,在達到改變思維與信念之前,也不必全盤了解客戶的經驗。不需要了解問題的原因,也可以找出解決之道,這即是焦點解決取向的重要觀念。

(三)設定目標的挑戰

多數焦點解決取向問句都是簡單、易懂、好入門的,雖然目標問句是眾所周知的重要,但對新手教練而言卻是一種挑戰。其實對新手心理師也是,在傾聽客戶故事時,可能無法離開其問題脈絡,展開目標的描述,或缺乏具體目標的設定。還有一種常見情況,那就是教練將目標設得太流於表面的行為解決,而不夠深入理解客戶的知覺,以為這樣是尊重客戶,實則過早以客戶抱怨的主題設定目標。目標不明確、目標過於表面、不是客戶來談的核心,或是目標過於籠統、不夠具體可行,這樣的教練工作不容易產生效能。

如 Berg 等人(2005)所說,焦點解決取向並不意謂害怕問題。研究(Grant、O'Connor,2010)顯示,讓一個人思考問題,事實上可幫助他朝其目標前進。焦點解決取向談話從促使目標進展、增進正面影響及降低負面影響,是比較具有成效的(Grant,2019)。

在設定目標時,新手焦點解決教練時常遇到下列阻礙:
1. 設定過於表淺的目標。
2. 個案的目標不斷移動、轉變。

3. 設定了目標，卻無法開展行動。
4. 設定了教練或轉介者的目標，卻不是客戶的目標。

雖然客戶帶著想要解決的問題前來談話，但有時仍有待他去找出目標的意義，找出對他來說代表什麼、會帶來什麼改變。

以客戶想要早起為例，教練不是立刻與他討論如何做到早起，過早討論行動細節，比如設定鬧鐘、請家人叫自己起床，並不是真的在探討問題與解決。教練應先理解客戶何以此時此刻在意早起，這件事對客戶為什麼重要，做到早起對他個人的意義是什麼，又會帶動什麼其他改變，這些討論對客戶才是重要的。假設客戶說這代表自己從失業的頹廢生活走出來、開始振作了，他想要重新開始，而早起是他想到可以做的，哪怕最後還是討論具體早起的作為，但要引導客戶去理解想擺脫過往生活、有全新開始才是他真正的目標，從這裡貼近客戶的期待，再來讚許他有這麼正面的意圖與動機，找出優勢與成功經驗，來拓展目前可以進行的小步驟，或許還是會討論早起計畫，但整個談話的脈絡、方向能讓客戶產生不同層次的理解，更會增強他的動機與信心，因此仔細、專注且帶著關懷傾聽客戶的目標十分重要。

有時候，客戶回來反應說自己做不到，這有可能是目標要再釐清，也可能是不夠賦能客戶，有時則是目標訂成其他人要的，如轉介者，或教練不小心加入了自己的價值觀、強加了目標。上述阻礙不是真正的阻礙，是幫助教練與客戶共同檢視在設定目標之路上雙方是不是攜手前行。

（四）比客戶還要努力

教練工作像是在湖泊中的雙人船，教練與客戶在同一艘船上，雙方需要同步、同向、同樣的力道，才能一起往前推進。我在督導工作中，時常看見新手教練用力過度，比客戶更努力。如果教練做了大部分工作，客戶可能就不用出力了，也沒有機會讓客戶看見自己已做了對解決有幫助的事情，或有些特質對解決問題是有影響的。這時，需要教練有更多的自我覺察，以及邀請客戶一起檢視教練工作的關係與歷程。許多新手教練過度在意短期成果，誤以為焦點解決取向的特色是快速，或是在短時間內幫客戶想辦法，而連續提問，甚至承接起解決責任，於是就提出許多過早或過多的建議。連續提問的結果是客戶失去思考機會，只回答他聽到的第一個問題或最後的問題，浪費了其他好的提問。而過早的建議會造成教練比客戶更有辦法，容易讓教練工作固定在問答，也容易形成依賴現象，最重要的是無法看見客戶的成功經驗與拓展思考的能力。

（五）辨識客戶有更深層心理情緒議題需要轉介

對非心理師背景的新手教練來說，更深層的心理情緒議題可能很困難（Smith，2012）。我在督導工作中，常看到新手教練面對想要討論目標達成、但有創傷而產生心理疾病或情緒困擾的客戶，無法進行診斷與心理評估。在無法辨識下，新手教練容易將教練挫折歸因於客戶企圖心不足、目標不對，或懷疑客戶的能力與想望。在這些情況下，不具治療背景的教練需要專業督導一

起討論,也需要能分辨教練工作與心理治療工作,這樣當教練工作無效時,才不會弄錯原因。

要能不受上述挑戰限制,教練需要自我覺察,當工作不具效能時,往往是自我覺察的重要時刻,當我們埋怨或氣客戶時,也是檢視教練關係的重要關鍵。在遇到挑戰工作與效能低落時,教練尋求督導支持更是確保教練工作往前進的方式。

四、焦點解決教練取向的實踐

「作為教練,我們為客戶創建一個思維框架,讓客戶的目標、解決方案與第一步,可以大放異彩。教練所建構的框架,由目標導向、強化回饋、處於當下的傾聽、有用的摘要所組成。客戶花時間與空間來釐清他們自己的想法,設定具體的目標,並且了解資源與規劃下一步。教練的任務是確保客戶獲得了適當的框架。」(Szabo、Meier、Dierolf,2009, pp.1-2)

(一)學習解決式的思維

傳統思維就是找到問題原因、對症下藥,這是問題式思維,我們也容易採取這樣問題式的談話。然而,比起找出根本原因,更重要的是釐清客戶希望的解決,如果過於遠大、夢幻,就要往現實移動,讓奇蹟問句勾勒的美好未來能夠與現實接軌,也就是往具體、可行、做得到的目標設定。要培養出解決式思維最好的

方式不是阻止自己想問題,也不是禁止自己負面思考,而是要具備共存的思考,既看到問題也想到解決方式,也就是看到麻煩(黑),也能說出想望(白),黑白同時存在是非常合理的事情。要避免落入二分法思考,避免以全有全無的觀點看待人與事物,避免因為要正向而錯失與客戶「同在」,不是用矛盾、衝突、抗拒來看待,而是看到客戶「有時」能做到目標,「有時」再度陷入麻煩。換句話說,客戶原來不是一直做錯事,只是沒有重複做對的事,教練要協助客戶找出適當的目標,並放大做對的事、有效的事。

(二)重視系統觀

焦點解決取向本是家族治療的流派之一,所以不僅處理個人,也重視系統與個人的關聯、個人與系統的改變。企業組織就是系統,包含上下之間、跨部門之間、與上下游廠商客戶之間的關係。客戶往往先看到別人的問題,而覺察與反思能力高的客戶也會看到自己的問題,焦點解決教練要注意客戶與系統間的關聯與資源。就如同艾瑞克森(E. H. Erikson)所說的「處處有資源」、「順勢而為」,都是運用客戶自身的力量與身邊的資源。

(三)善用焦點解決取向工具

除了焦點解決的技術、工具之外,教練也要注意語言帶來的微妙作用,審慎用字遣詞,傾聽客戶使用的關鍵字,時時好奇客戶用詞背後所代表的主觀知覺,包括想法、期待、動機、看法

等。語言上的小變化,能開啟促進改變的可能性,要實現這點,可運用「切薄」與「拓展」2 種重要功夫。

「切薄」是指教練再探問目標。客戶往往會說出很龐大的目標,比如半年後展店 50 間、1 年後業績翻 10 倍等,教練要引導客戶回到現實面,制定一個合理且不失希望感的目標;有時則是客戶想不出解決方案,或想不出例外成功經驗,這時,教練就可「切薄」地問客戶有沒有稍微接近一點,或有沒有部分成功了……等。

「拓展」則是拉開客戶的觀點、視框,比如「還有嗎?」這問句看來簡單,卻代表相信且鼓勵客戶繼續探索自己的成功經驗;使用關係問句也是一種拓展,比如「當你的團隊聽到你剛剛說的目標值,他們有什麼想法?」或是「你的主管也同意你剛剛說的策略嗎?」

(四)在工作中實踐,也在生活上運用

我學習焦點解決取向已有二十多年,我的學習歷程可分為三大階段:第一階段是「依樣畫葫蘆」,也就是模仿學習,先學習焦點解決取向的知識面與工具技術,再加以實踐、操練;第二階段是真正體會焦點解決取向看待人與改變的思維與精神,不會匠氣或僵化地使用技術,而是把焦點解決取向的精神與技術加以融會貫通與整合;第三階段是不僅用在個案與客戶身上,也內化在自己的生活中,包括培養正向眼光、改變與親友說話的習慣、改變思維角度,以及在生活中重新建構所遇到的挑戰與困難。

（五）更聰明工作，而不是更努力工作

不管是我自己或是客戶，透過焦點解決教練取向，對於問題都能掌握得更精準，對於要達成目標的行動更清晰，因此工作起來更聰明、高效，也就是能準確地工作，而不是更費力、努力地工作。工作可能少了，但因為聚焦於清晰的目標，並且排序清楚、按步就班，所以工作少一點卻做得多一點。

身為焦點解決教練取向的治療師與教練，我透過焦點解決教練取向的理念、框架與工具，幫助自己也幫助別人，讓自己更能賦能與轉念，更加豐厚自己內心及滋潤關係，對助人者來說是最棒的生命禮物！

參考文獻

一、中文部分

Berg, I. K., & Szabó, P（2007）。**Office 心靈教練：企業的焦點解決短期諮商**（李淑珺譯），張老師文化。（原著出版於 2005 年）

Gallwey, W. T.（2017）。**比賽，從心開始：如何建立自信、發揮潛力，學習任何技能的經典方法**（李靈芝譯）。經濟新潮社。（原著出版於 1974 年）

Jackson, P. Z. & McKergow, M.（2004）。**跳過問題找方法**（張美惠譯）。商智文化。（原著出版於 2002 年）

Macdonald, A. J.（2022）。**焦點解決短期治療訓練手冊**（許維素、陳宣融譯）。心理。（原著出版於 2018 年）

Maslow, A. H., Stephens, D. C. & Heil, G.（2006）。**馬斯洛人性管理經典**（李美華、吳凱琳譯）。商周。（原著出版於 1998 年）

O'Connell B（2007）。**焦點解決治療法**（李家琦譯）。基礎文化。（原著出版於 1998 年）

O'Hanlon, B. & Weiner-Davis, M.（2007）。**心理治療新趨勢：解決導向療法**（李淑珺譯）。張老師文化。（原著出版於 2003 年）

Peter, S., Daniel, M. & Kirsten, D.（2014）。**高效教練：焦點解決**

教練精要（陳子涵譯）。寧波。（原著出版於 2009 年）

Schein, E. H. & Schein, P. A.（2020）。**謙遜領導力：關係人性化、真誠開放與信任的力量**（熊秀玲譯）。水月管理顧問有限公司。（原著出版於 2018 年）

Smith, J. V.（2012）。**教練工作：從心理師走向教練的整合模式**（蒙光俊譯）。洪葉文化。（原著出版於 2006 年）

Taylor, L.（2013）。**焦點解決短期治療（SFBT）：極簡哲學**，臺灣諮商輔導學會辦理工作坊演講簡報，2013 年 11 月 2-3 日，台北市龍門國中辦理。

Watzlawick, P., Weakland, J. H., & Fisch, R.（2005）。**變：問題的形成與解決**（夏林清、鄭村棋等譯）。張老師文化。（原著出版於 1974 年）

Whitmore, J. S.（2010）。**高績效教練：有效帶人、激發潛能的教練原理與實務**（江麗美譯）。經濟新潮社。（原著出版於 2002 年）

王青（2017）。**教練心理學：促進成長的藝術**。華東師範大學出版社。

李坤崇、歐慧敏（2011）新訂青年工作價值觀量表指導手冊，教育部青年發展署。

李明晉、許維素（2011）。淺談教練心理學之興起與展望。**輔導季刊，47**（2），50-61。https://doi.org/10.29742/GQ.201106.0006

林烝增（2021）。催化個案自我改變的第二序改變—焦點解決教

練取向的改變觀與積極語言。**諮商與輔導**，**428**，14-17。

林烝增（2021）。催化個案自我改變的第二序改變－焦點解決教練取向的改變觀與積極語言。**諮商與輔導**，**428**，14-17。

林烝增、陳韻琴（2022）。教練對話，要多同理才夠—以焦點解決短期取向之觀點。**諮商與輔導**，**437**，9-11。

洪菁惠、洪莉竹（2013）。正向語言在焦點解決短期治療的應用與結果—以婚姻困擾之當事人為例。**家庭教育與諮商學刊**，**14**，111-134。

洪菁惠、洪莉竹（2013）。正向語言在焦點解決短期治療的應用與結果—以婚姻困擾之當事人為例。**家庭教育與諮商學刊**，**14**，111-134。

唐淵（2007）。**教練：教練型管理者實踐操作指南**。經濟管理出版社。

梅家仁（2014）。**教練吧！18則教練故事，協助您找到啟發生命的能量**。城邦印書館。

陳茂雄、林文琇（2015）。**激發員工潛力的薩提爾模式—學會了，你的部屬就會自己找答案！**。天下雜誌。

駱芳美、郭國禎（2018）。**諮商理論與實務：從諮商學者的人生看他們的理論**。心理。

簡宏江（2011）。**幼兒園園長教練領導及其訓練方案建構之研究**（未出版碩士論文）國立新竹教育大學人資處教育心理與諮商碩士專班。

二、英文部分

Adams, M (2016). Coaching psychology: An approach to practice for educational psychologists. *Educational Psychology in Practice, 32*(3), 231-244.

Andersen (1991). *The reflecting team: Dialogues and dialogues about the dialogues.* New York: Norton.

Anderson, V., Rayner, C., & Schyns, B. (2009). *Coaching at the Sharp End: The Role of Line Managers in Coaching at Work.* CIPD, London.

Bass, B. M. & Riggio, R. E. (2006). *Transformational Leadership.* Psychology Press.

Brown, S.W. & Grant, A. M. (2010). From GROW to GROUP: theoretical issues and a practical model for group coaching in organisations, *Coaching: An International Journal of Theory, Research and Practice, 3*(1), 30-45.

Cheliotes, L. G. & Reilly, M. F. (2010). *Coaching conversations: Transforming your school one conversation at a time.* Corwin.

De Jong, P., & Berg, I. K. (2013). *Interview for solutions.* Brooks/Cole, Cengage Learning.

De Jong, P., & Berg, I. K. (2013). *Interview for solutions.* CA : Brooks/Cole, Cengage Learning. Murphy, J. J. (2008). Solution-focused counseling in school. Alexandria: American Counseling Association

De Shaze,S. & Miller,G. (2000). Emotion in solution-focused therapy: A reexamination. *Family Process, 39*(1), 5-23.

De Shazer, S. (1985). *Keys to solution in brief therapy.* New York:Norton.

De Shazer, S., & Dolan, Y. (2007). *More than miracles: The state of the art of Solution-Focused Brief Therapy.* New York: Routledge.

Dierolf, K. & Meier, D. & Szabó, P. (2009). *Coaching Plain & Simple :Solution-focused Brief Coaching Essentials.* W. W.Norton.

Eade, K. (2022). Group or team coaching: What's the difference and which one do you need? https://www.linkedin.com

Ghul, R. (2015). *The Power of the Next Small Step.* The Connie Institute.

Goldsmith, M. (2006). *Try feed forward instead of feedback*, in Goldsmith, M. and Lyons, L. (Eds), *Coaching for Leadership*, Pfeiffer, San Francisco, CA, pp. 45-49.

Grant, A. M. (2001). *Towards a Psychology of Coaching: The Impact of Coaching on Metacognition, Mental Health and Goal Attainment* (Unpublished doctoral dissertation). Macquarie University, Australia.

Grant, A. M. (2006). An Integrative Goal-Focused Approach to Executive Coaching. In D. R. Stober & A. M. Grant. (Eds.), *Evidence based coaching handbook: Putting best practices to work for your clients* (pp. 153–192). John Wiley & Sons, Inc..

Grant, A.M. & Palmer, S. (2002). *Coaching psychology workshop.* Annual Conference of the Counselling Psychology Division of the British

Psychological Society, Torquay, 18 May.

Green, L., Oades, L., & Grant, A. (2006). Cognitive-behavioral, solution-focused life coaching: Enhancing goal striving, well-being, and hope. *The Journal of Positive Psychology, 1*(3), 142-149.

Greene, J., & Grant, A. M. (2003). *Solution-focused coaching: Managing people in a complex world*. Pearson Education.

Hackman, J. R., & Wageman, R. (2005). A theory of team coaching. *Academy of Management Review, 30*(2), 269-287.

ICF (2019). *ICF Core Competencies*. https：//coachingfederation.org/credentials-and-standards/core-competencies

Kee, Anderson, Dearing, Harris & Shuster. (2010). *Results Coaching: The New Essential for School Leaders*. Corwin Press.

Kets De Vries, M. F. (2005). Leadership group coaching in action: the Zen of creating high performance teams. *Academy of Management Executive, 19*(1), 61-76.

Macdonald, A. J. (2018) . *A Workbook on Solution-Focused Brief Therapy with Exercises for Trainers*, Sage.

Macdonald, A. J. (2011). *Solution-Focused Therapy: Theory, Research & Practice*. Sage.

Mark, A. (2007). ENABLE: A solution-focused coaching model for individual and team coaching , in David Tee, Jonathan Passmore(Eds) Coaching Practiced. John Wiley & Sons Ltd.

McDowall, A., & Butterworth, L. (2014). How does a brief strengthsbased group coaching intervention work? *Coaching: An International Journal of Theory, Research and Practice, 7*(2), 152-163, https://doi.org/10.1080/17521882.2014.953560. CrossRefGoogle Scholar

Murphy, J. J. (2008). *Solution-focused counseling in school.* American Counseling Association.

Norman (2003). Solution focused reflecting teams.In B.O'Connell & S.Palmer (Eds). *Handbook of Solution Focused Therapy.* London, England: Sage.

O'Connell, B. (2001). *Solution-focused stress counselling.* Sage.

O'Connell, B. and Plarmer, S. (Eds) (2003). *The Handbook of solution-focused therapy.* , London: Sage.

O'Connell, B., Palmer, S. & Williams, H. (2012). *Solution Focused Coaching in Practice.* Routledge.

O'Moore, G. (2022). *A model for use within performance coaching, in David Tee, Jonathan Passmore (Eds) Coaching Practiced.* John Wiley & Sons Ltd.

Palmer, S. (2007a). *Cognitive coaching in the business world. Invited inaugural lecture of the Swedish Centre of Work-Based Learning*, held in Gothen- burg on 8 February.

Palmer, S. (2007b). PRACTICE: A model suitable for coaching, counselling, psychotherapy and stress management. *The Coaching Psychologist, 3*(2), 71–77.

Palmer, S. (2008). The PRACTICE model of coach-ing: Towards a solution-focused approach. *Coaching Psychology International, 1*(1), 4–8.

Palmer, S., Grant, A., & O'Connell, B. (2007). Solution-focused coaching: lost and found. *Coach Work, 2*, 22-29.

Palmer, S., Whybrow, A. (2006). The coaching psychology movement and its development within the British Psychological Society. *International Coaching Psychology Review, 1*(1),5-11. https://doi.org/10.53841/bpsicpr.2006.1.1.5

Peltier, B. (2001). *The Psychology of Executive Coaching: Theory and Application*. Routhedge.

Russell, B. (2013). *History of western philosophy: Collectors edition*. Routledge.

Scoular, A., & Linley, P. A. (2006). Coaching, goal-setting and personality type: What matters. *The Coaching Psychologist, 2*(1), 9-11.

Szabo, P., Meier, D. & Dierolf, K. (2009). *Coaching plain & Simple: Solution-focused Brief Coaching Essentials*. New York, NY: W. W. Norton & Company.

Tschannen-Moran, B. & Tschannen-Moran, M. (2010). *Evocative coaching: Transforming schools one conversation at a time*. Jossey-Bass.

Wasik, B. (1984). *Teaching parents effective problem-solving: A handbook for professionals. Unpublished manuscript.* University of North Carolina.

Whitmore, J. (2002). *Coaching for Performance: GROWing People, Performance and Purpose.* Nicholas Brealey.

Williams, D. I., Irving, J. A.(2001). Coaching: An unregulated, unstructured and (potentially) unethical process. *The Occupational Psychologist, 42*(2), 3-7.

Williams, H., Palmer, S., & O'Connell, B. (2011). Introducing SOLUTION and FOCUS: Two solution focused coaching models. *Introducing coaching Psychology International, 4*(1), 6-9.

Wittgenstein, L. (1953). *Philosophical investigations.* Oxford: Blackwell.

Zatloukal, L. & Tkadlcikova, L. (2020). *Narrow and wide ways of solution-growing.* In Dierolf, K.et al. Solution Focused Practice Around the World.

阿德勒臨床實務工作全集

最新出版!
《拓展兒童教養新視野》

編者：亨利‧史丹博士
譯者：何雪菁
審閱：曾端真教授

本書有阿德勒對各種
精神官能症狀心理結構的闡述，
更說明了性別、年齡、
整體環境與社會脈絡的互動關係。

《阿德勒解析受溺愛兒童的生命風格：
成年後與精神官能症、夢境、犯罪與愛情的關係》

編者：亨利‧史丹博士
譯者：何雪菁
審閱：曾端真教授

阿德勒認為每個人都有
其獨特的生命風格，
既不是天生生理性決定的，
也不單是後天客觀環境造成的。

《有一種勇敢,叫做自己:阿德勒夢之理論與精神官能症》

編者:亨利·史丹博士
譯者:王玄如
審閱:曾端真教授

天賦、潛力和特殊資質
只是構成一個人的元素,
而人可以根據想做的事,
來決定他要如何利用這些元素。

《自卑與虛構解體的終極目標:
研學阿德勒個體心理學,
成功迎戰精神官能症》

編者:亨利·史丹
譯者:田育慈
中文版審閱:曾端真教授

了解人的本性,更像藝術,
全書主題貫穿,內容完整連結。

| 拓展兒童教養新視野 | 受溺愛兒童的生命風格 | 有一種勇敢 | 自卑與虛構解體 |

NOTE

NOTE

NOTE

NOTE

NOTE

NOTE

國家圖書館出版品預行編目(CIP)資料

賦能員工突破框架：焦點解決教練取向實踐手冊／林烝增，張如雅著. -- 初版. -- 新北市：張老師文化事業股份有限公司，2024.08
面；　公分. --（教育輔導系列；N161）
ISBN 978-626-96870-7-7（平裝）

1.CST: 教練 2.CST: 在職教育 3.CST: 領導理論

494.386　　　　　　　　　　　　　　　113008992

教育輔導系列 N161
賦能員工突破框架：焦點解決教練取向實踐手冊

作　　者／林烝增、張如雅
總 編 輯／萬　儀
責任編輯／陳湘玲
特約編輯／謝佩親
封面設計／李東記
行銷企劃／呂昕慈、林佩郁

發 行 人／葛永光
總 經 理／涂喜敏
出 版 者／張老師文化事業股份有限公司 Living Psychology Publishers Co.
　　　　　郵撥帳號：18395080
　　　　　10647 新北市新店區中正路 538 巷 5 號 2 樓
　　　　　電話：(02)2369-7959　傳真：(02)2363-7110
　　　　　讀者服務 E-mail：sales@lppc.com.tw
　　　　　網址：https://www.lppc.com.tw（張老師文化雲平台）

Ｉ Ｓ Ｂ Ｎ／978-626-96870-7-7
定　　價／380 元
初版 1 刷／2024 年 8 月

法律顧問／林廷隆律師
排　　版／菩薩蠻電腦科技有限公司
印　　製／大亞彩色印刷製版股份有限公司

＊如有缺頁、破損、倒裝，請寄回更換＊版權所有・翻印必究　Printed in Taiwan